KB254117

수학통이 되는 책

수학통이 되는 책

KITI 한국산업훈련연구소
Korea Industrial Training Institute

옮긴이의 말

오늘날 자연과학이나 사회과학에서 일어나고 있는 여러 가지 현상들을 체계적으로 파악하기 위해서는 그 현상들 속에 내재한 질서나 법칙들을 적절히 수식화하여 처리해 나가는 일이 긴요하다.

그런 일이란 오랜 기간 잘 훈련된 전문가들마저 고도의 정신집중과 집요한 탐색을 통해 힘겹게 성취한다. 그래서 일반인들은 수학에 대해 접근해 보기도 전에 막연하게 수학이란 아주 어렵고 골치 아프며 접근하기 어려운 어떤 것이라고 생각할 뿐이다.

그러나 모든 학문이 그렇듯이 수학도 그 발전된 과정과 역사적 배경을 살펴보면 고고하기만 하며 현실과는 괴리된 관념의 세계가 아니라 현실에 뿌리를 두고 현실 속에서 살아 숨쉬는 그러한 학문인 것이다.

옮긴이는 평소 수학이 지닌 난해함, 고고함의 암벽을 넘어 그 위에 펼쳐진 평탄하고 흥미진진한 그리고 생생한 수학의 세계를 독자들에게 소개하고 싶은 생각을 하던 중, 일본의 권위 있는 출판사에서 발행하고 쥬구지 가오루(中宮寺 薰)가 쓴 《수학통이 되는 책》을 읽을 기회를 얻었다. 수학 전반에 걸쳐 알기 쉽고 재미있게 쓰여진 책이기에 우리말로 옮기는 바이다.

1장과 2장에서는 숫자의 발견과 수의 개념 및 진법에 대하여 설명하였고, 3장에서는 그리스 수학, 특히 π의 발견, 피타고라스 정리, 기하학 원론에 대하여 언급하였다. 4장과 5장에서는 수를 다루는 방법에 대하여, 6장에서는 카오스 및 프랙탈에 대하여 설명하였다. 그리고 7장에서는 확률 및 통계학에 관한 이야기를, 8장에서는 미적분의 발견에 대한 이야기를 적었다. 마지막으로 9장에서는 첨단과학에 사용되는 수학을 알기 쉽게 설명하였다.

이 역서가 수학에 관계된 학생만이 아니라, 교육에 전념하시는 일선 선생님들, 과학에 관계하시는 분들 그리고 세간의 수학을 두려워하는 여러분에게도 다소나마 도움이 된다면 옮긴이의 기쁨은 크다고 하겠다.

끝으로 좋은 책을 출판할 수 있도록 도와주신 한국산업훈련연구소에 심심한 사의를 표한다.

1998년 7월

옮긴이 이창우

제3장 그리스 수학은 획기적인 발견

제6장 카오스, 프랙탈… 궁극의 기하학에 도전!

제7장 맞는 팔괘, 맞지 않는 팔괘를 꿰뚫어보는 지혜

1

수는 어디에서 왔는가

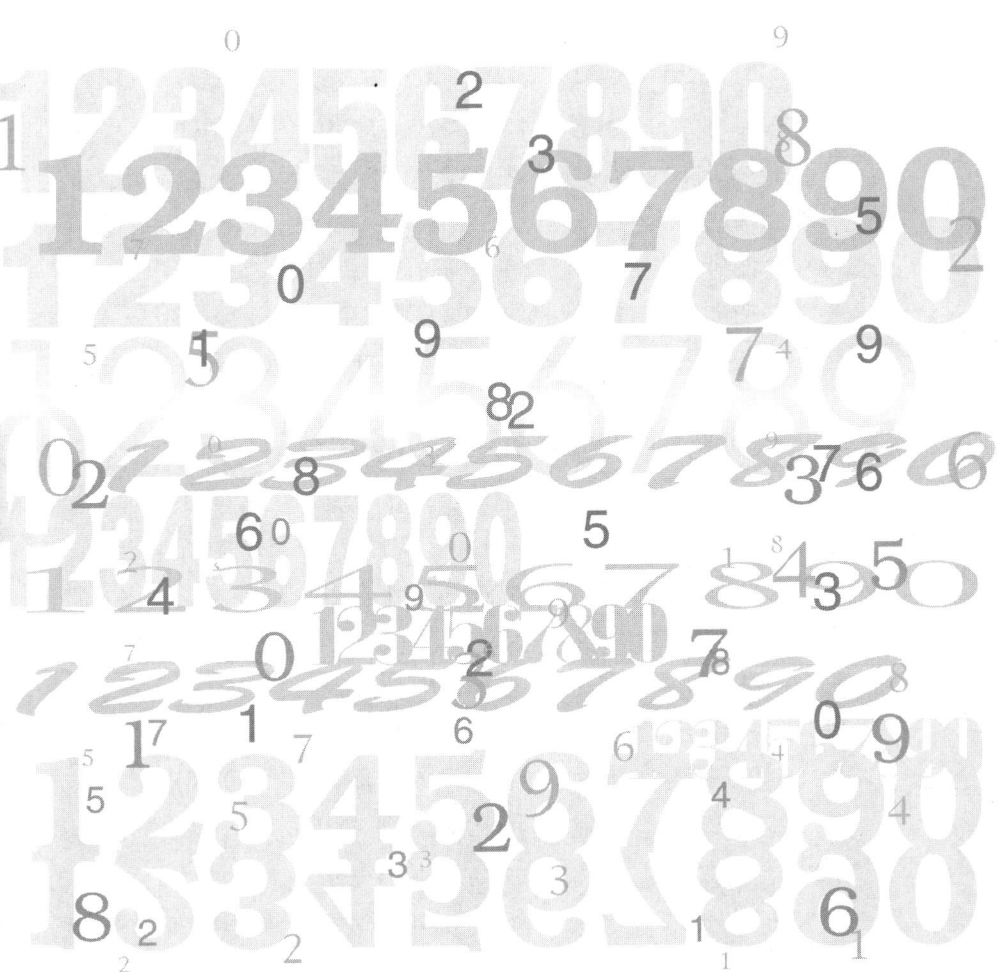

성에 둥지를 튼 까마귀를 어떤 식으로 잡았을까

영국에서는 다음과 같은 재미있는 이야기가 전해지고 있다.

옛날 어느 성주는 성 중심의 처마 끝에 둥지를 틀고 있는 까마귀가 매우 신경이 쓰여 마침내 까마귀를 퇴치하기로 하였다. 그런데 이 까마귀는 매우 꾀가 많았다. 성주가 둥지로 접근하려고 하면 그 순간 까마귀는 눈치를 채고 재빨리 근처에 있는 나뭇가지로 도망을 쳤다. 성주가 다시 나무 가까이 다가가면 까마귀는 그를 비웃기나 하듯이 제자리로 돌아오는 것이었다.

며칠 후 성주는 한 가지 계략을 생각해 냈다. 그것은 한 사람이 까마귀 둥지 옆에 숨어 있다가 둥지로 돌아오는 까마귀를 덮쳐서 잡는 것이었다. 이렇게 사전에 모의를 한 성주는 시종 한 사람과 함께 성 안으로 들어갔는데, 까마귀는 예상대로 근처에 있는 나뭇가지로 도망을 가버렸다. 그것을 확인한 두 사람 가운데 한 사람은 까마귀의 뒤를 좇아 나무가 있는 곳으로 향하고 나머지 한 사람은 성 안 둥지 옆에 몸을 숨기고 있다가 성으로 되돌아오는 까마귀를 덮치기로 하였다.

그런데 영리한 까마귀는 나머지 한 사람이 성 밖으로 나올 때까지 조금도 나뭇가지에서 떠나려고 하지 않았다. 그래서 이번에는 세 사람이 함께 성 안으로 들어가서 두 사람이 성을 빠져 나오면 까마귀가 속을 것으로 생각하고 시도해 보았지만 결과는 마찬가지였다. 이 정도가 되면 웬만한 사람은 포기할 법도 한데, 화가 난 성주는 포기하지 않고 다시 도전하였다. 이번에는 네 사람이 들어가 세 사람이 성 밖으로 나왔다. 그러나 까마귀는 역시 속지 않았다. 그런데 마침내 성주가 시종 한 사람을 더해 다섯 사람이 성 안으로 들어가 네 사람이 되돌아왔을 때 그토록 꾀가 많은 까마

두 마리의 꿩과 이틀은 똑같은 '2'

영국의 수학자인 버트란드 러셀은 "두 마리의 꿩과 이틀이 공통된 숫자 '2'라는 사실을 인지할 때까지는 긴 세월이 필요했을 것"이라고 말했다.

■ 까마귀는 4와 5를 구별하지 못한다

귀도 '다섯 사람과 네 사람'은 구별하지 못하는지 성 안 둥지로 날아들었다가 결국 '잡히는' 신세가 되고 말았다.

'5와 4'의 구별이 어려움을 이야기해 주는 사례들은 이것 외에도 몇 가지가 더 있다.

대부분의 새는 4 이상의 수를 구별하지 못한다. 예를 들면, 어미새의 눈을 피해 알을 훔치려고 할 때 알이 서너 개 있는 경우에 그 중 한 개가 없어져도 어미새는 잘 알아차리지 못한다고 한다.

정말 그런지 확언할 수는 없지만, 이것이 인간과 동물의 차이라고 할 수 있을 것이다.

인간이 수를 표기할 경우를 생각해 보자. '4'까지는 똑같은 길이의 성냥개비를 가지고 세로로 늘어놓든 가로로 늘어놓든 곧바로 그 수를 파악하기가 쉽지만 '5' 이상이 되면 이러한 표기방법은 곤란해진다. 그래서 '5'부터는 성냥개비의 방향을 바꾸어 놓음으로써 보는 사람이 파악하기 쉽도록 하고 있다. 이는 인간도 '5' 이상의 수에 대해서는 한눈에 쉽게 구별하기가 곤란하다는 증거라고 할 수 있다.

이러한 사실로 볼 때 인간의 문명이 발전할 수 있었던 것은 수를 말로 표기한 데서 비롯되었다고 하겠다.

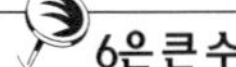**6은 큰 수**

우리 나라에서는 많은 것을 나타낼 때 '多'를 사용한다. 이것은 三(3)을 두 번 겹쳐 쓴 것이다.

수의 역사는 인류발전의 역사

가로줄이 규칙적으로 새겨진 동물의 뼈가 발견되고 있다. 요컨대 숫자가 발명되기 이전이라도 '들소를 세 마리 발견했다'는 것을 나타내고 싶으면 가로선을 세 개 긋는 것이 가장 자연스러운 표기방법이었을 것이다. 이런 식의 표기는 다른 민족들에게도 통용되었을 것이다. 다만, 5 이상의 숫자부터는 표기방식에도 머리를 좀 써야 했을 터이고, 수를 계산하는 방법도 점차 어려워졌으리라 짐작된다.

오늘날 컴퓨터와 전자 계산기에 익숙한 대부분의 사람들은 고대 바빌로니아에서 사용했던 60진법은 생각지도 못할 뿐만 아니라, 그 방법을 이용하여 계산하는 사람도 거의 없을 것이다.

고대 이집트의 서기관이 자식들에게 "나처럼 유복한 생활을 하려면 무엇보다도 수학공부를 열심히 해야 한다"고 훈계했다는 기록까지 남아 있는 것을 보면 동서고금을 불문하고 수학의 중요성은 모두가 인정하는 모양이다.

■ 고대 수메르 숫자를 비롯하여 고대 이집트, 그리스, 마야, 중국 등 동서고금의 숫자에는 모두 공통점이 있다

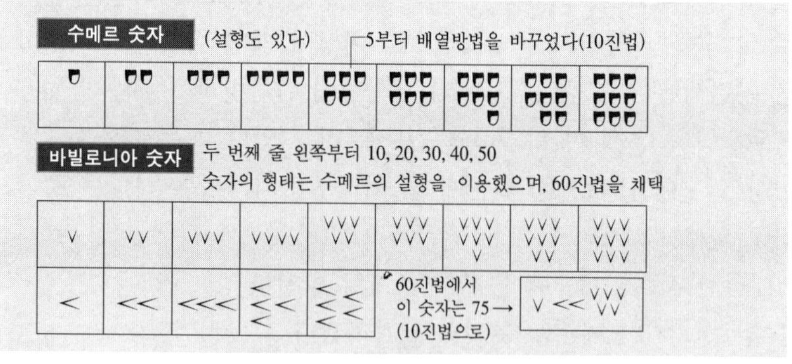

🔍 **바빌로니아의 60진법**

수메르에서는 10진법을 사용했지만 똑같은 수메르 문자를 사용했던 바빌로니아에서는 60진법을 사용하였다. 바빌로니아에서는 지금도 시간이나 각을 측정할 때 사용한다.

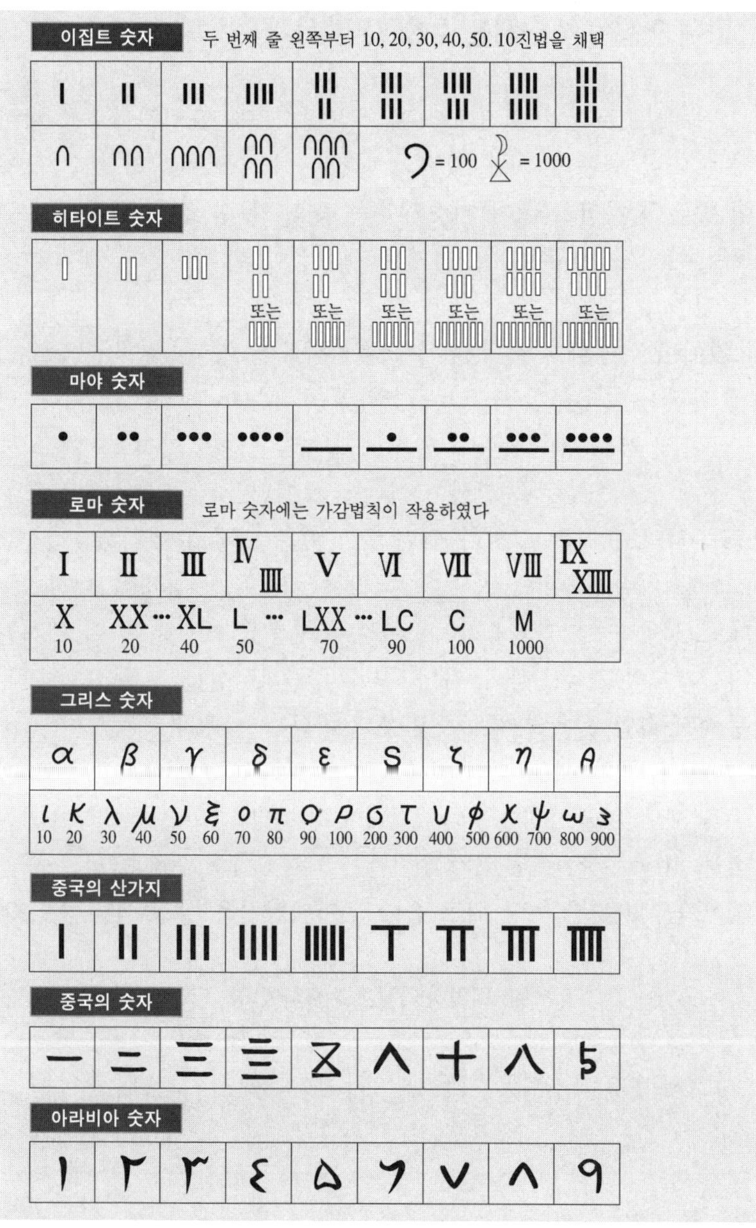

숫자를 새겨 놓는다

로빈슨 크루소는 무인도에 표류하여 혼자 생활했을 때 하루에 한 줄씩 나무에 흔적을 남겨 경과일수를 계산하였다.

고대 이집트의 숫자는 '1,000만' 까지

요즘에도 무언가를 집계할 때 '정(正)'자를 표시하여 5를 대신하는 일이 있는데, 아래 그림의 이집트 숫자를 유심히 보면 모양이 중국의 마작 골패와 비슷하다는 것을 알 수 있다. 이집트의 숫자는 마작의 골패와 마찬가지로 세로선이 한 줄로 '5'까지 늘어서 있지 않다.

앞에서 설명한 까마귀의 예를 통해서도 알 수 있듯이 눈으로 쉽게 판단하여 구분할 수 있는 숫자의 한계는 3~4개 정도이다. 만약 7개의 세로줄을 나란히 일렬로 늘어놓는다면 마작놀이를 하는 과정에서도 순조로운 진행이 어려울 것이다.

9까지의 표기는 그렇다 하더라도 10은 어떻게 표기했을까? 10진법을 사용한 이집트인들은 색다른 기호를 사용하여 나타냈는데, 그들은 기호 '∩'을 10으로 정해 사용했다고 한다. 이 표시는 집합기호와도 비슷한데, 아마 '9까지의 세로선을 모두 포함한다'는 함축적인 뜻을 가지고 있었을 것이다.

이집트인들은 100 이상의 수도 기호로 나타냈는데, 100은 길이 등을 재던 밧줄, 1,000은 나일강가에 핀 연꽃, 1만은 파피루스라는 식물, 10만은 작은 물고기, 100만은 너무도 큰 수에 놀라는 인간의 모습, 1,000만은 땅 위로 솟아오른 태양신을 상징한다. 이 1,000

■ 이것이 이집트의 숫자였다!

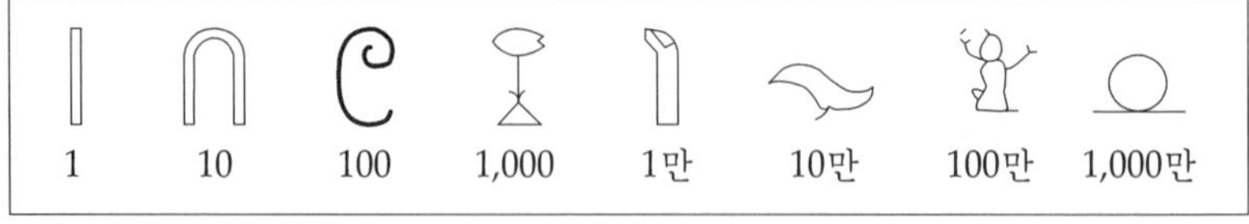

| 1 | 10 | 100 | 1,000 | 1만 | 10만 | 100만 | 1,000만 |

로제타석(Rosetta stone)의 발견

이집트의 역사는 1799년 나일강 하구의 로제타 부근에서 발견된 비석 조각에서 비롯된다. 당시의 원정군 사령관은 나폴레옹으로 그는 수학의 중요성을 이해하고 있었다.

만이라는 수는 이집트인들에게 최상급에 해당하는 것으로, 그들에게는 그 이상의 수는 존재하지 않음을 의미할 뿐만 아니라 그처럼 큰 수는 필요하지 않았던 것 같다.

로마 숫자에 감추어진 비밀

아래 그림은 로마 숫자(시계 숫자)로 표시한 것이다. 1~3(또는 4)까지는 이집트의 숫자처럼 세로 막대기로 나타내고 있는데, 숫자를 하나하나 유심히 살펴보면 4와 9의 표기가 두 가지로 되어 있다는 것을 알 수 있다. 그렇다면 왜 이런 일이 일어났을까? 그것은 로마 숫자 자체가 숫자로서의 의미와 '덧셈, 뺄셈'의 뜻을 함께 지니고 있기 때문이다. 예를 들어 5보다 큰 6의 경우 V(5)의 오른쪽에 I(1)을 더하여 VI(6)이라고 표기하고, 4의 경우는

■ 4와 9는 모두 뺄셈 형태로 표시된 로마 숫자

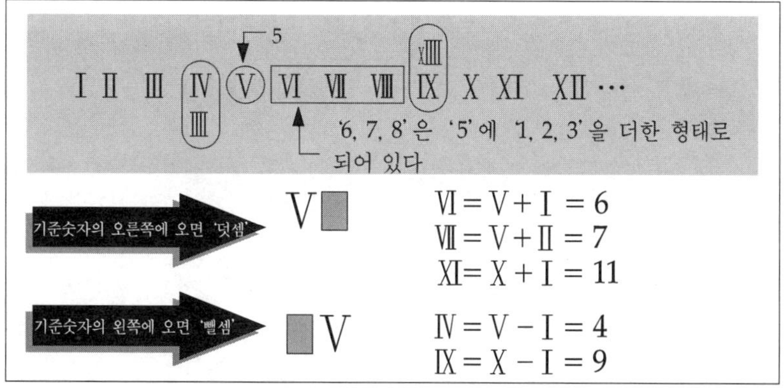

로마 숫자 V, C

로마 숫자 X(10)의 허리부분을 싹둑 자르면 V(5)가 된다. 또 C(100)을 X처럼 절반을 자르면 L(50)이 된다. 아무렇게나 만든 것처럼 보이지만 실은 다 의미가 있는 것이다.

그 반대로 V(5)의 왼쪽에 Ⅰ(1)을 써서 뺄셈의 의미를 부여한 것이다. 9 또한 이와 같은 경우라고 할 수 있다.

그러나 이렇게 만들어진 숫자가 얼마인지 읽고 판단하기는 쉽지 않았을 것이다. 한 번 정도 머릿속으로 미리 계산을 해야 하기 때문에 로마인들은 다소 불편을 느꼈을 것이 분명하다.

피타고라스의 삼각수로 멋진 계산을

"모든 것은 수에서 비롯되었다"고 말한 그리스의 수학자 피타고라스가 거느린 수학자들의 집단을 '피타고라스 학파'라고 부른다. 현재 '삼각수, 사각수'라고 불려지는 것들도 이들이 발견하였는데, 복잡한 계산에 큰 도움을 준다. 한 가지 예를 들면, '1~16까지의 합을 계산'하려고 할 때 곧바로 답을 내기는 어렵다.

그러나 이 삼각수를 사용하면 단번에 답을 낼 수가 있다. 예컨

■ 삼각수로 재치있는 계산이 가능하다

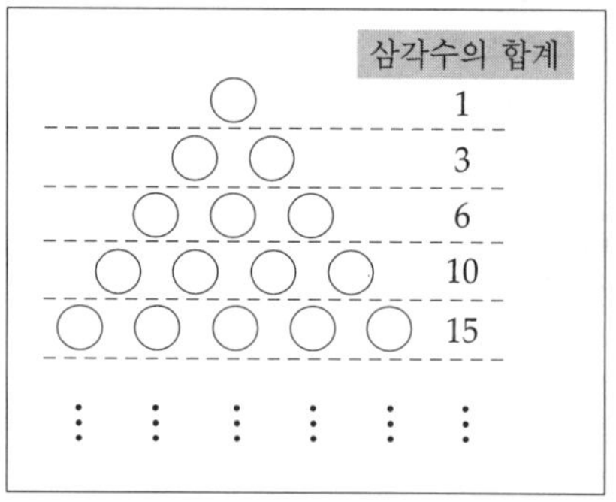

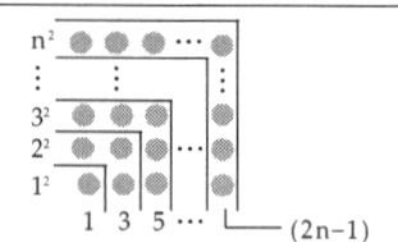

사각수란 무엇인가

연속되는 제곱수(1^2, 2^2, 3^2, 4^2, ···)는 홀수의 ㄱ(기역)자형을 더하여 만들 수 있다.

■ 삼각수로 수열의 공식도 이끌어낼 수 있다!

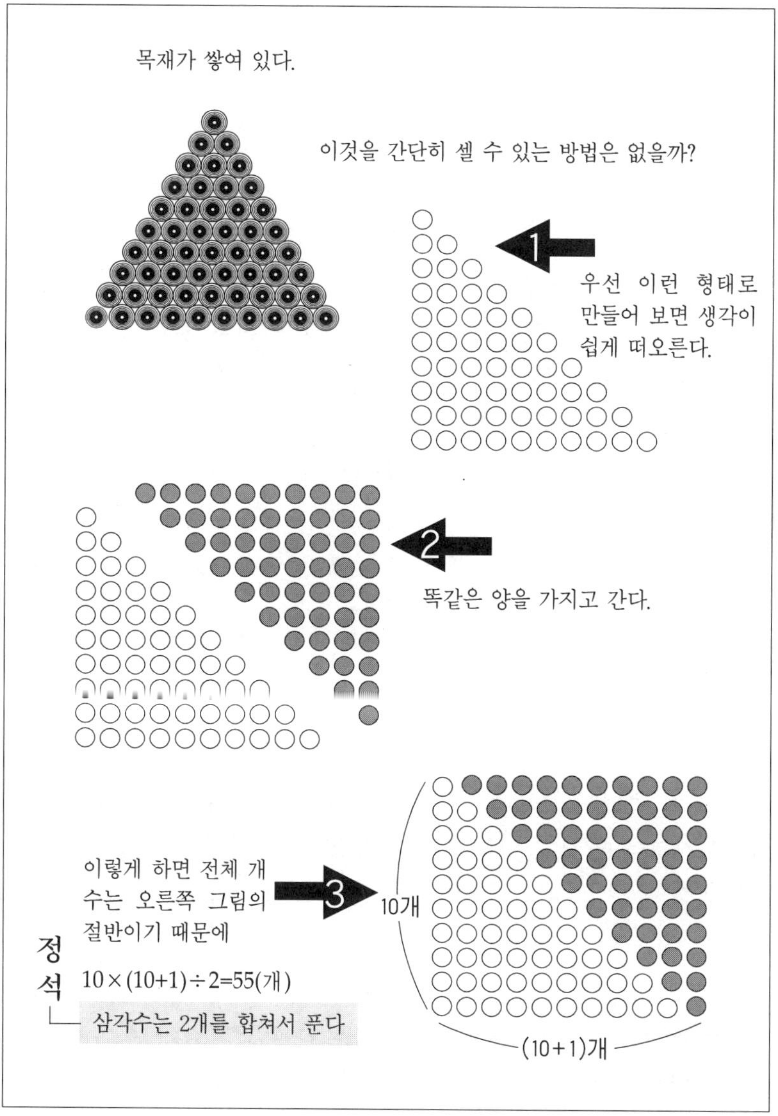

목재가 쌓여 있다.

이것을 간단히 셀 수 있는 방법은 없을까?

1 우선 이런 형태로 만들어 보면 생각이 쉽게 떠오른다.

2 똑같은 양을 가지고 간다.

이렇게 하면 전체 개 수는 오른쪽 그림의 절반이기 때문에 **3**

10개

정석

$10 \times (10+1) \div 2 = 55$(개)

└ 삼각수는 2개를 합쳐서 푼다

(10+1)개

'삼목산(杉木算)'과 삼각수

일본의 수학책 《진겁기(塵劫記)》에도 삼각수가 등장한다. 쌀섬을 그림처럼 '한 섬, 두 섬, 세 섬, …, 열세 섬을 쌓아올리면 전부 91섬이 된다'고 예로부터 전해내려오고 있다.

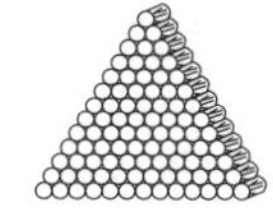

대 1~3까지의 합은 (1+2+3=6)이 된다. 이것은 삼각수의 3번째와 똑같다. 마찬가지로 1~5까지의 합은 삼각수의 5번째(=15)를 보면 쉽게 알 수 있다.

그러나 삼각수의 핀 수를 일일이 센다는 것은 여간 큰일이 아니다. 따라서 잠시 머리를 써 보자. 앞 페이지의 그림처럼 똑같은 삼각수를 또 하나 준비하여(보기에서는 10번째의 삼각수) 하나는 바로 놓고 다른 하나는 거꾸로 맞추어 붙이면 사각형 형태의 수가 되는데, 이 수를 1부터 더해가면 마지막의 수를 알면 된다. 그러므로 $10 \times (10+1) = 110$이 되고, 이 110까지의 삼각수는 이것의 반인 55가 된다. 일반적으로 n번째의 삼각수(1~n까지의 합)는 $\frac{n(n+1)}{2}$이 된다. 이 식은 우리들이 고등학교 때 배웠던 '수열(數列)의 합 공식'으로, 이 방법을 이용하면 아무리 복잡한 계산이라도 간단하고 편리하게 풀 수 있다.

잉카 제국의 번영을 말해주는 키프의 계산법

고도로 발달된 문명지역에서는 파피루스나 점토판을 통해 여러 가지 기록을 남기고 있다. 지금부터 5000년 전에 존재했던 수메르(유프라테스 강 어귀의 옛 문화민족국가)와 같은 문화유적지도 예외는 아니다.

그런데 16세기경 스페인의 피사로(Francisco Pizarro)와 코르테스(Hernán Cortés)에 의해 정복된 남아메리카 잉카 제국은 고도로 발달된 문명을 지니고 있으면서도 왜 문자(당연히 숫자까지도)를 갖고 있지 않았는지 아직까지도 풀리지 않는 수수께끼이다.

페루 인디언 족들의 인구 조사

새끼에 매듭을 묶어 수를 표현하였다. 매듭의 굵기에 따라 보다 큰 매듭은 작은 매듭의 배수를 나타내고, 새끼의 색깔로 남녀를 분류하였다.

■ 잉카의 키프는 10진법이었다

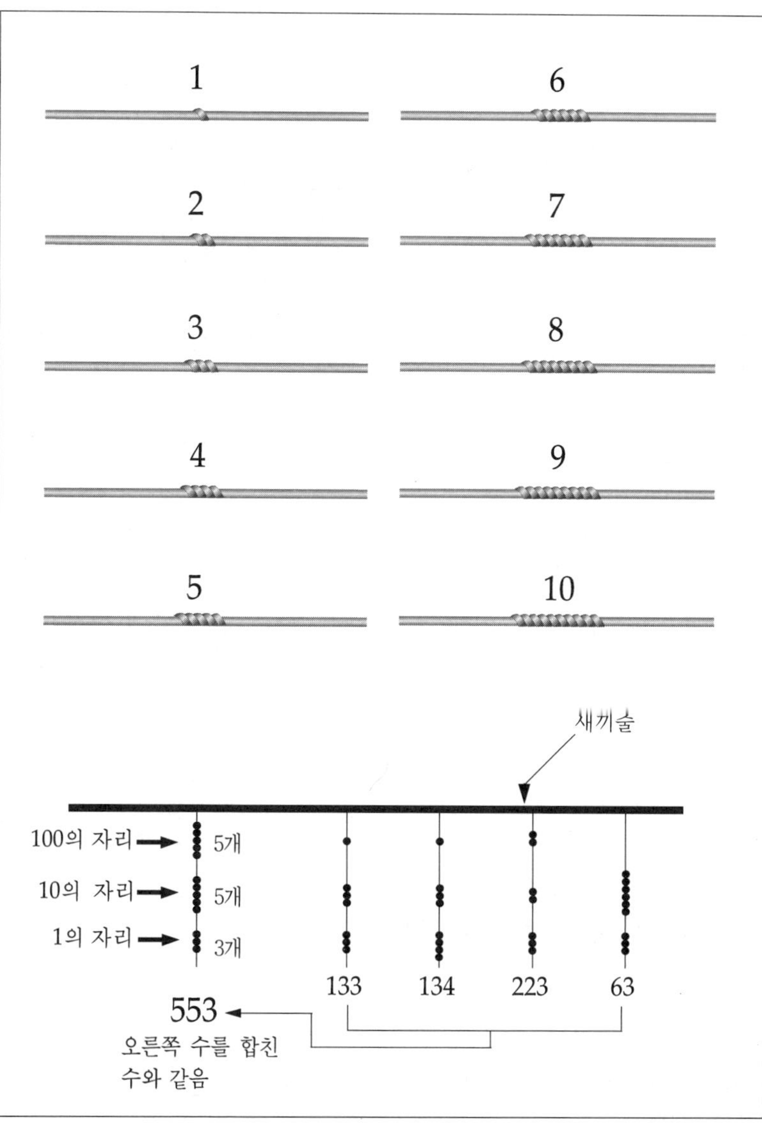

옥수수알 계산기

이집트의 공인 계량사처럼 잉카의 키프 전문 취급자도 사람들로부터 존경을 받았으며, 이들은 주판(옥수수알을 사용하여 만든 것)에 의해 산출된 계산 결과를 키프에 나타냈다.

■ 모든 정보는 키프 카마요크를 통해 전해졌다

그렇다면 그들은 어떤 방법으로 수를 기록했으며, 어떻게 그것을 나타냈을까?

그 비밀의 열쇠를 쥐고 있는 것이 소위 '키프(또는 키포스)'라고 불리는 특수한 '끈맺기 기술'에 있다. 키프는 끈의 매듭수에 따라 수량을 나타냈다(잉카 제국에서는 10진법을 사용). 그리고 이집트의 공인 계량사(計量士)처럼 잉카 제국에도 키프 기술을 소유한 '키프 취급사(키프 카마요크)'가 있어 국가나 수도권에 모여드는 물자의 양을 계산하거나 측량하고, 국가에서 관리하는 창고로부터 민중에게 분배되는 물자의 정확한 양을 측정하여 공급해 주었다.

왜 아라비아 숫자가 세계를 석권했는가

우리는 아라비아 숫자의 발명을 큰 다행으로 생각할 때가 많다. 예를 들어 아라비아 숫자를 한글 숫자체계로 고쳐쓴다고 가정해 보자.

🔍 0은 없다는 것

인도에서의 '공위(空位)'를 나타내는 '0'은 12세기경 이탈리아의 피보나치에 의해 아라비아로부터 도입되었다. '제로'라고 발음하는 것은 이탈리아 말에서 온 것인데, '무(無)'의 의미를 지니고 있는 것은 각국 모두가 동일하다.

■ 아라비아 숫자의 고마움

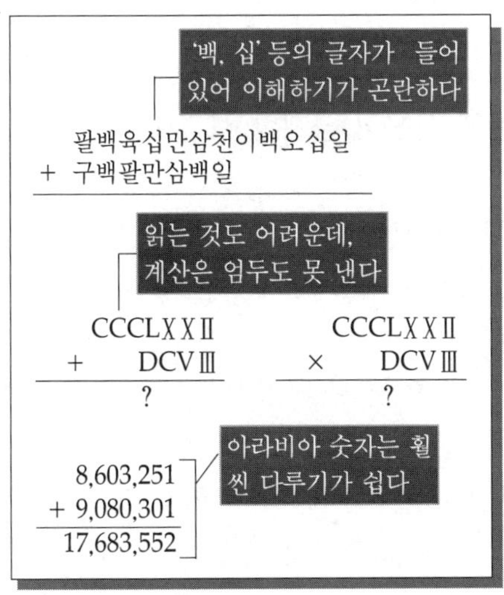

8,603,251은 '팔백육십만삼천이백오십일'이 되며 9,080,301은 '구백팔만삼백일'로 쓰게 된다. 그런데 '팔백육십만삼천이백오십일'이라고 표기해 놓으면 금방 어떤 수를 나타내는 것인지 분간할 수가 없다. 그나마 '팔,육0삼,이오일'이라고 쓰면 읽는 데 크게 도움이 된다. 똑같은 한글이라도 '제로(0)'를 써줌으로써 보다 빠르게 이해할 수 있다. 이처럼 '0'을 사용함으로써 이집트에서는 자릿수가 올라갈 때마다 새로운 형태의 숫자를 만들어 내는 번거로움 없이도 나타내고자 하는 모든 수를 '1~9와 0'이라는 10개의 숫자만으로도 자유자재로 쓸 수 있게 되었다.

제로(0)는 '아무것도 없다'는 의미이므로 숫자로 나타내지 않아도 문제될 것이 없어 보이지만, 그럴 경우 곱셈 등을 계산할 때 자리를 맞추기가 여간 어렵지 않을 것이다. 한글 숫자체계의 경우는 그래도 괜찮으나, 이것이 로마 숫자일 때에는 읽는 것조차도

숫자와 수

오늘날 우리가 쓰고 있는 숫자는 0, 1, 2, …, 9의 10개이며, 수는 자연수, 정수, 유리수, 실수, 복소수, … 등 무수히 많다.

힘들다. 아마 장사를 하는 사람이라면 계산하는 데 매우 많은 어려움을 겪을 것이다.

아라비아 숫자의 사용이 금지된 시기도 있었다

1~9까지의 숫자와 0을 사용하는 아라비아 숫자의 등장은 참으로 획기적인 사건이었지만, 당시 60진법을 사용하던 유럽에서는 반발도 심하였다.

로마 숫자로는 큰 수를 나타내기가 매우 힘들고 어려웠다. 따라서 복잡하고 어려운 큰 수를 계산할 줄 아는 사람은 이집트의 서기관(書記官)처럼 대단히 특권적인 힘을 행사할 수가 있었다. 바로 그러한 시기에 '누구나 쉽게 사용할 수 있는 아라비아 숫자'가 등장한 것은 이들에게 위협적인 사건이 되었던 셈이다.

또한 인도에서 전해진 아라비아 숫자 0이 있었기 때문에 매우 편리하게 사용할 수는 있었으나, 자릿수를 간단히 바꾸어 위조할 수 있다는 단점을 갖고 있어 그 당시 공공연히 위조사건이 성행하게 되었다. 그래서 한때는 법률로 아라비아 숫자의 사용을 금하던 시기도 있었다.

이와 같은 현상을 타파한 것이 바로 '상업의 발달'이었으며, 이에 대응하는 표기방법에는 아라비아 숫자 외에는 별다른 것이 없었다.

왜 60진법이 태어났는가

10진법은 사람의 손가락이 10개라는 사실에서 비롯된 것으로 추측되며, 20진법을 사용했던 마야족(중앙 아메리카를 지배한 인

아라비아 숫자와 워드 프로세서의 유사점

아라비아 숫자가 금지되었던 상황은, 얼마 전 워드 프로세서가 등장했을 때 '회사 내에서의 문서는 직접 손으로 쓴 문서에 한한다' → '워드 프로세서로 작성한 것도 인정한다' → '회사 내의 문서는 워드 프로세서로 작성한 것에 한한다' 는 식의 변화와 흡사하다.

디언의 옛 부족)은 손가락과 발가락 모두를 고려하여 숫자를 만든 게 아닌가 하는 재미있는 생각도 해본다.

그러나 지금으로부터 4, 5천 년 전 고대 바빌로니아에서는 60진법을 사용하였다. 지금까지도 '60초＝1분, 24시간＝1일, 12개월＝1년'과 같이 60진법의 흔적이 남아 있는데, 이 60진법이 어디에서 유래되었는가를 생각해 보면 참으로 신기하다.

1년은 대체로 360일이기 때문에 이것의 1/6 에서 온 것이라는 천문학자들의 주장이 있는가 하면, 분수로 했을 때 10보다는 60이 약수(約數)가 더 많아 편리하다는 데서 유래되었다는 등의 여러 가지 설이 있으나, 실제로 그 어느 것도 결정적인 단서라고는 할 수 없다.

왜 서기 0년은 없는가

"20세기 최후의 해는 서기 몇 년인가?"라고 물어보면 대부분의 사람들은 1999년이라고 대답할 것이다. 그런데 정답은 2000년이다.

2000년이라는 딱 떨어지는 수의 해로부터 셈을 한다면 좋겠지만, 서기(서력)의 시작에는 0년이 존재하지 않는다. 기원후(AD)는 '1년'부터 시작되며, 기원전(BC)은 '1년'까지 있는 것이다.

■ '0'이 없는 수직선이 서력

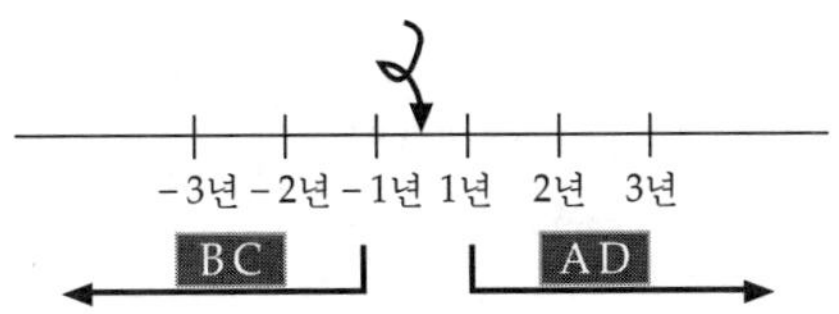

🔍 0은 악마의 수

$5^0=1$, $3÷0=$불능, $0×0=0$, … 이렇게 볼 때 '0'의 사용방법도 결국 까다롭다는 결론이 나온다. 유럽에서는 악마가 마법을 사용할 때 원을 그린다고 믿기 때문에 원과 비슷한 '0'은 기피대상이 되었다.

앞 그림에서 수직선으로 AD를 +, BC를 − 라고 하면 −1 다음은 느닷없이 +1이다. '0이 없는 세계'가 인류 역사라니 참으로 아이러니하지 않은가?

영국에서의 1층은 우리 나라의 2층?

0이 없는 세계는 또 있다.

예를 들어, 우리 나라나 미국의 경우 빌딩의 층수는 1층, 2층, 3층, …으로 세며, 지하층 역시 1층, 2층, …이라고 이야기한다. 이러한 계산에 의해 0층은 존재하지 않지만, 영국의 경우 지상층(1층)은 0층이며, 그 위로 올라가는 순서에 따라 1층(우리 나라에서의 2층), 2층(우리 나라에서의 3층)으로 이어진다.

우리 나라에는 영계(靈界 : 영혼의 세계)는 있지만 영계(零階 : 0층)는 없다.

■ 영계(靈界)는 있어도 0계(零階)는 없다

3층	+3		2층	+2
2층	+2		1층	+1
1층	+1		0층	0
지하 1층	−1		지하 1층	−1
지하 2층	−2		지하 2층	−2

산가지로 '음수'를 처음 다룬 중국

'산가지(算木, 점칠 때 또는 셈할 때 쓰는 나무 막대기)'라는 말을 들어본 일이 있는가? 산가지를 사용한 셈의 방법은 원래 중국에서 발명(중국에서는 산(算) 또는 주(籌)라고 함)된 것으로, 길이가 4~6cm 정도의 직사각형 막대기를 늘어놓는 셈의 방식이다. 이로써 갖가지 수를 표현하기도 하지만 더하고 빼는 등의 계산도 하였다.

1의 자리는 모두 산가지를 세워서 늘어놓고 10의 자리부터는 가로로 뉘여서 늘어놓는다. 그러나 훗날 '0'의 개념을 받아들여 둥근 것을 제로(zero)의 위치에 놓게 되면서 가로와 세로에 의한 자리의 구별은 필요하지 않게 되었다.

기원전 200년경에 사용한 구장산술(九章算術 : 황제가 예수(隸

■ 비스듬히 눕힌 산가지는 마이너스를 나타낸다

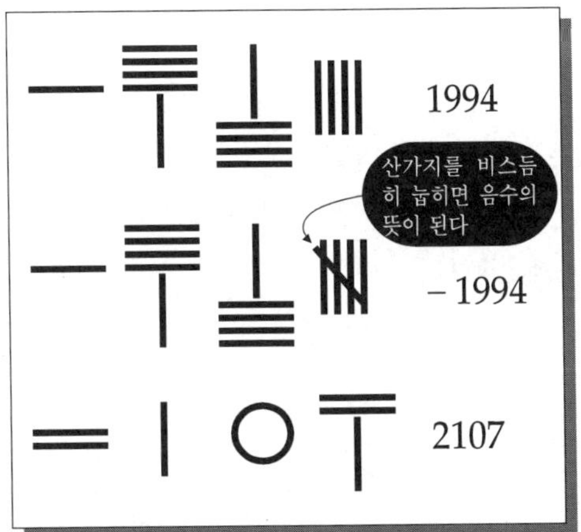

■ 산가지의 자릿수 표시법

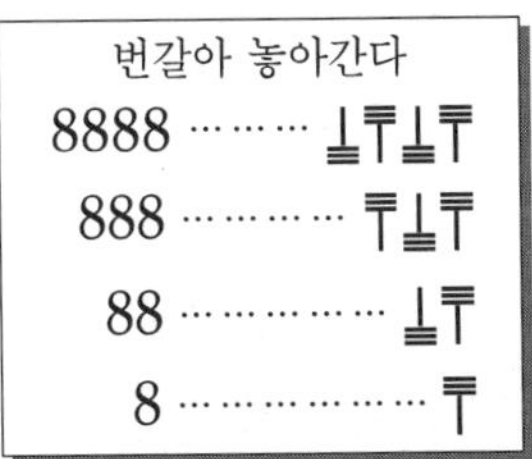

산가지와 천원술(天元術)

산가지로 방정식까지 푼 것은 13세기부터이며, 이것을 일반적으로 '천원술'이라고 불렀다.

首)에게 명하여 만들었다고 하는 수학상의 아홉 가지 식)에는 이미 산가지를 두 가지 색으로 나누어 붉은색의 나무는 양수, 검은색의 나무는 음수(비스듬히 놓아도 음수)로 하여 양수, 음수의 가감을 설명하고 있다. 예로부터 중국에서는 양수와 음수를 이와 같은 방식으로 구분하고 있었던 것이다.

왜 '수의 세계'는 확대되어 가는가

수학이 우리의 일상과 동떨어진 느낌을 주는 것은 조금씩 '수의 세계'가 확대되어 가기 때문일 것이다. 그렇다면 간단하게 수의 범위를 생각해 보자.

'1, 2, 3, 4, 5, 6, 7, 8, …' 등은 자연수(自然數)라고 부른다. 이 자연수를 사용하여 사칙연산을 해 보면 $1+2=3$, $2\times3=6$, $10\div2=5$ 등은 자연수의 범위 내에서 답이 계산되지만, $2-3$이나 $5-5$ 따위는 음($-$)의 수 또는 0이 되어 자연수의 범주를 넘어서고 만다. 그래서 부득이 자연수의 세계를 확장하여 0이나 음의 수가 첨가된 '정수(整數)'의 세계가 탄생되었다. 그러나 여전히 $3\div7$ 따위의 답은 정수의 범위를 넘어서 결국 유리수(有理數), 즉 분수와 소수의 세계가 필요하게 되었다.

그렇다면 모든 수는 분수의 형태가 되지 않을까 생각할 수도 있겠지만 그렇지는 않다. 피타고라스의 정리에 등장하는 '루트($\sqrt{\ }$)'의 수(무리수)나 π(초월수라고 함)는 분수로 나타낼 수 없다. 이것들을 종합한 실수(實數)라는 세계에서 더 나아가 이차, 삼차방정식 등을 풀어가는 과정에서 우리는 '제곱하여 음수'가 되는 엉

π의 동료들

초월수(超越數)에는 π 외에도 '$e(=2.7182818284590\cdots$. 이것을 밑으로 하는 대수(對數)가 자연대수)'가 있다. 초월수는 $n^{\sqrt{m}}$($\sqrt{m}$ 은 무리수)의 형태가 된다.

■ 이렇게 하여 수는 확대되어 갔다

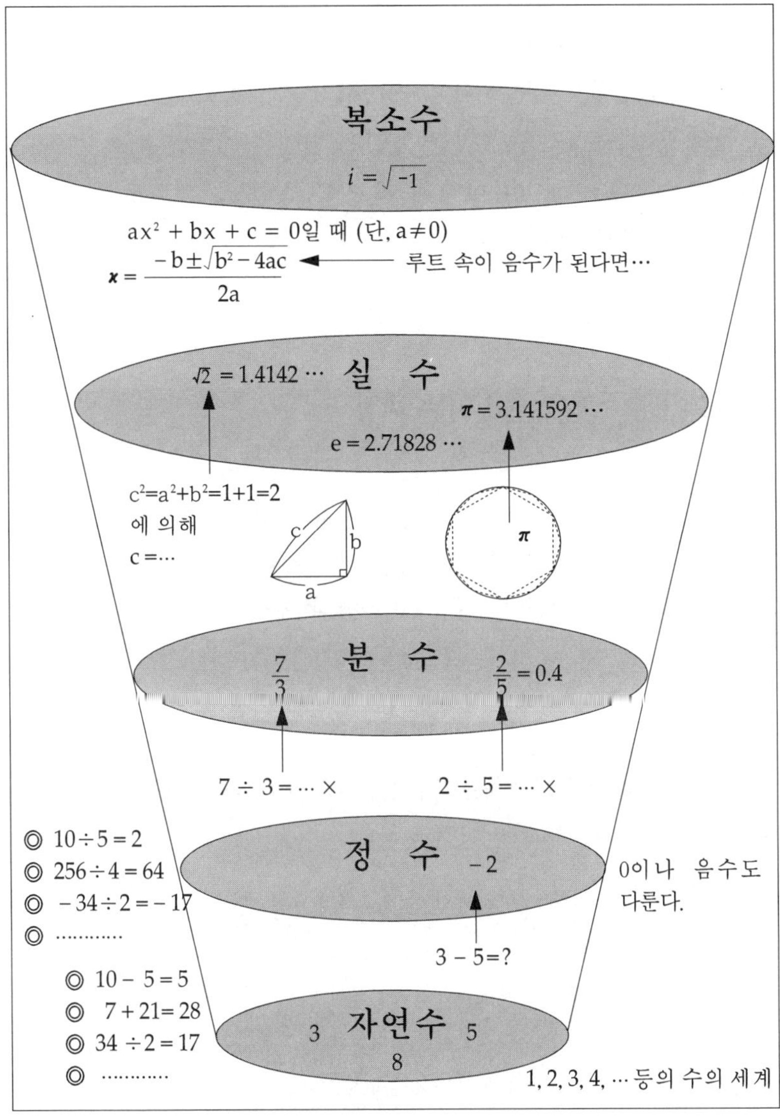

자연수에 0을 포함시킬 것인가?

'1, 2, 3, 4, 5, 6, …' 이렇게 계속되는 자연수는 가장 알기 쉬운 수이다. 최근에 와서는 프랑스의 브르바키파의 주장처럼 자연수에 '0'을 포함시키는 일이 많아졌다.

뚱한 수를 발견하게 된다. 이것이 허수(虛數)인데, 실수와 허수를 결합하여 '복소수(複素數)'라고 부르는 거대한 수의 세계가 형성된다. 이처럼 수의 세계는 확장되어 있지만, 수의 확장은 여기에서 끝나지 않고 앞으로도 계속될 것이다.

어떤 수가 유리계수를 갖는 영이 아닌 다항식의 근이면 이 수를 대수적 수(algebraic number)라고 부르고, 그렇지 않으면 초월수(transcendental number)라고 부른다.

허수가 우주를 만들었다는 주장

'$2^2=4$이고 $(-6)^2 = 36$'이다. 이처럼 제곱하여 반드시 '양'이 되는 수를 '실수'라고 하는데, 이와 같은 수는 이 세상에 실제로 존재한다고 여겼기 때문에 실수라고 부르는 것이다.

수학에서는 '$x^2 = -4$, $y^2 = -36$'이라고 하는, 제곱하여 '음'이 되는 허수도 생각해 냈다. 그러나 이것은 수학에서는 있을 수 있는 수

■ 아주 오랜 옛날 허수는 우주에 존재했을 것이다

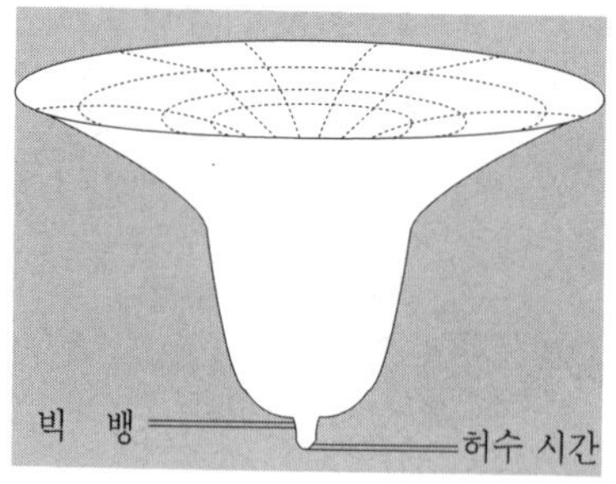

 **특이점**

특이점이란 다른 것과 이질적인 양상을 지닌 점을 지칭한다. 태풍의 눈도 특이점이라고 하겠다. 수학에서는 보자기를 펼쳐놓았을 때 직물의 올과 올의 사이 같은 것을 가리키는 일이 많다.

이지만 이 세상에는 절대로 존재하지 않는 것이라고 여겨왔다. 그런데 오늘날 학계에서는 새로운 가설이 떠오르고 있다. 바로 '허수 시간'이다.

이것은 영국의 천재 물리학자 호킹 박사에 의한 생각으로, 종래의 물리학에서는 빅뱅(big bang)의 시점에서 특이점을 탄생시킨다고 보았는데, 시간과 공간의 구별을 없앤다면 즉 시간을 허수로 파악한다면 특이점은 반드시 필요하지 않다는 주장이다.

이런 식으로 해석하면 우주는 탄생 후에 허수 시간을 경험하다가 어느 시점에서 현재의 실수 시간으로 돌입하여 팽창을 시작했다는 결론이 나온다. 허수가 현실에 적용된 첫 번째 주장이라고 할 수 있다.

2

파피루스와 점토판에 새겨진
가장 오래 된 수학

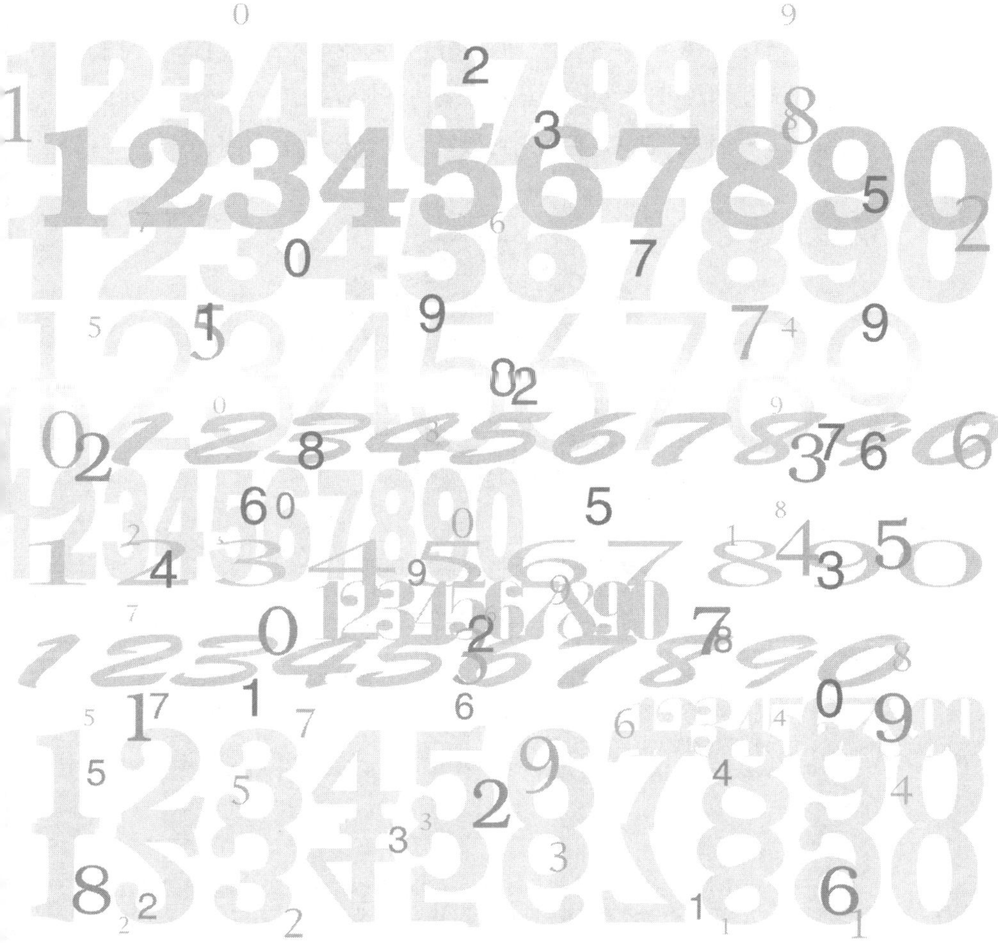

누츠이 궁터에서 발견된 속이 빈 신기한 알

이플러가 저술한 《수학의 역사》 중에는 다음과 같은 이야기가 소개되어 있다.

이라크 모술 지방의 남서부쪽에 누츠이라고 불리는 메소포타미아 문명의 상징인 궁터가 있는데, 이 누츠이 유적지에서 미국의 학술조사반이 점토로 된 속이 빈 알을 발견하였다. 그런데 이 알 바깥쪽에는 설형문자(楔形文字)로 아래 그림의 내용과 같은 글이 적혀 있었다.

이 글의 내용은 양과 염소의 수가 모두 48마리였다는 기록이었다. 조사반이 흙으로 된 알을 깨뜨려 보았더니 그 안에서 '48개의 흙으로 된 작은 알'이 쏟아져나왔다. 아마도 수를 알지 못하는 소

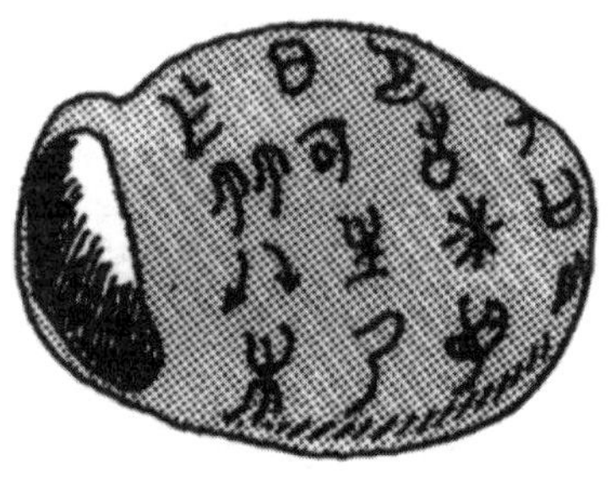

■ 양과 염소는 모두 몇 마리인가?

새끼를 낳은 암컷 양이 21마리	암컷 새끼양이 6마리
성숙한 암컷 양이 8마리	수컷 새끼양이 4마리
새끼를 낳은 암컷 염소가 6마리	수컷 염소가 1마리
암컷 새끼염소가 2마리	

표지목

옛날 프랑스의 빵집에서는 한 쌍의 표지목(標識木)을 준비해 두었다가 이것으로 외상판매를 했다. 즉, 손님이 빵을 살 때마다 한 쌍의 작은 표지목에 흠집을 내 서로가 각기 보관하다가 대금을 일괄 청산했다고 한다.

유주로부터 양과 염소를 예탁받은 사람이 훗날 그들에게 되돌려 줄 때 증거로 사용하기 위해 보관한 기록이라고 짐작된다.

이것은 수를 이해하지 못하는 상대에게 "내가 당신의 양과 염소 48마리를 틀림없이 보관한다"고 말해보았자 아무 소용이 없기 때문에 보관한 수효만큼 흙으로 작은 알을 빚어 그것을 상대에게 확인시킨 후 속이 빈 큰 알 속에 넣어 봉하고, 표면에 설형문자로 의뢰인과 내용물의 명세를 표시하지 않았나 생각된다.

'1 대 1 대응'은 극히 자연스러운 생활감각

지금도 아프리카의 어느 오지에 가면 원주민 추장이 주민의 수에 맞추어 조약돌을 준비해 두었다가 행사나 모임이 있을 때 참석한 사람들에게 하나씩 나누어 준다고 한다. 이렇게 준비해 둔 조약돌이 동이 나면 전원이 집합한 것으로 여기고 행사를 시작하는 것이다.

극히 단순하지만 철저한 인원관리 방식이기도 하다. '1 대 1의 대응원리'는 옛 조상들이 삶이 방식이기 간가이였다.

■ 1 대 1의 대응

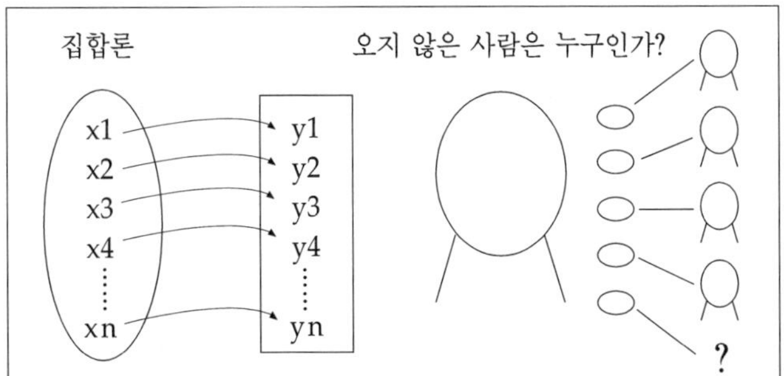

탁상용 전자계산기의 어원은 '작은 돌'?

탁상용 전자계산기를 캘큐레이터(calculator)라고 하는데, 원래 캘큐러스(calculus)는 '작은 돌'이라는 뜻을 지니고 있다(미적분학의 의미도 있음). '헤아리다, 세다'의 뜻을 가진 탤리(tally)는 '나무에 새긴다, 표를 한다'는 의미가 있다.

어느 산주의 지혜

어느 산주가 자신의 집 뒷산의 나무가 모두 몇 그루인지를 알고 싶어서 사람을 시켜 나무가 몇 개인지 확인해 보기로 했다. 그런데 막상 조사를 하려고 했더니 나무들이 불규칙하게 심어져 있을 뿐만 아니라, 여러 사람이 동원된만큼 서로 중복하여 셀 우려도 있어 고심하던 참에 한 가지 묘안을 생각해 냈다.

이 산주는 많은 양의 붉은색 끈을 준비해 사람들에게 나누어 주며, "이 끈으로 뒷산에 서 있는 소나무 허리에 빠짐없이 동여매고 오라"고 지시했다.

이렇게 하여 남은 끈을 사람들로부터 수거하여 애당초 준비해 둔 숫자와 대비해 뒷산의 나무가 얼마인지를 계산해 냈던 것이다.

예를 들어, 처음에 1만 개의 끈을 준비했는데 나무를 동여매고 난 후 2백 개의 끈이 남았다면 나무는 총 9천8백 그루가 되는 것이다. 이 산주는 바로 '1 대 1'의 대응적 지혜를 생각해 낸 것이다.

《길가메시 서사시》에 나오는 방주의 규모

인류 최고(最古)의 문명은 지금부터 5천 년 이상으로 추정되는 메소포타미아 지방의 수메르 문화인데, 이집트에 비해 역사도 오래 되고 울, 우르크, 라가슈, 닛플 등의 도시 주위에는 거대한 성벽을 쌓아올렸으며, 거리의 중심부에는 짓구라트(계층이 있는 피라미드형 종교 건조물)라는 거대한 신전이 안치되어 있었다.

1849년 영국의 탐험대가 기원전 7세기의 앗스루바니파르 왕의

점토판의 보존성

고대 메소포타미아에서는 파피루스는 구하기가 어려웠지만 양질의 점토는 구하기가 쉬웠다. 현재 5000년 전의 수메르 문명이 우리들에게 알려질 수 있었던 것은 점토판의 우수한 보존성 때문이다.

■ 2척의 배 비교

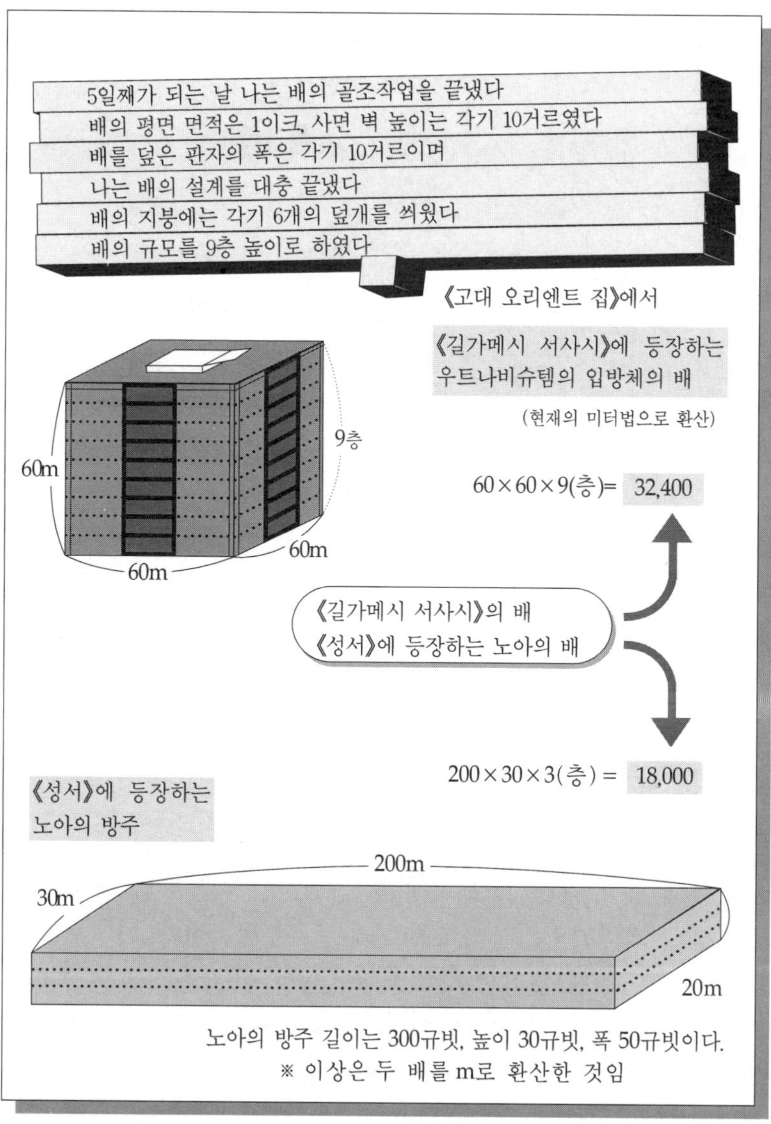

길가메시 서사시

길가메시는 기원전 30세기경의 우르크 왕인데, 3분의 2는 신, 3분의 1은 인간의 속성을 지녔다는 영웅이다.

■ 수메르 고대도시의 분포

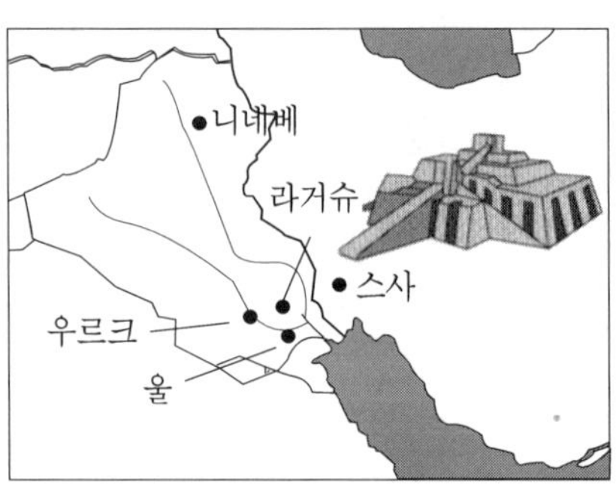

점토판 도서관을 발굴하여 그 속에서 《길가메시 서사시(敍事詩)》
를 해독함으로써 《성경》에 나오는 노아의 방주 이야기가 사실임
을 입증하였다.

이 《길가메시 서사시》 중에는 우트너비슈템이라는 노인이 여호
와 신으로부터 앞의 그림과 같은 배를 만들라는 지시를 받는 장
면이 나와 있다.

《린드 파피루스》는 최고의 수학서

문서로 남아 있는 가장 오래 된 수학서는 이집트의 테베 근처
폐허에서 발견된 《린드 파피루스》라는 두루마리이다. 기원전 1800
~1600년 사이에 씌어진 것으로 추정되는 이 두루마리는 원본이
아닌 사본으로, 이것을 구입한 스코틀랜드의 이집트학 학자인 헨
리 린드의 이름과 문서의 재료(파피루스)를 참고로 '린드 파피루
스'라고 이름 붙였다. 그러나 실제로 그 문서를 기록한 사람이 아

파피루스(papyrus)

파피루스는 나일강 연안에 자생하고 있는 방동사니과의 식물이다. 이것을 재료로 종이를 만들기도 하
고 줄기를 엮어 뗏목도 만들어 배를 대신하기도 하였다.

■ 이집트는 나일강의 산물

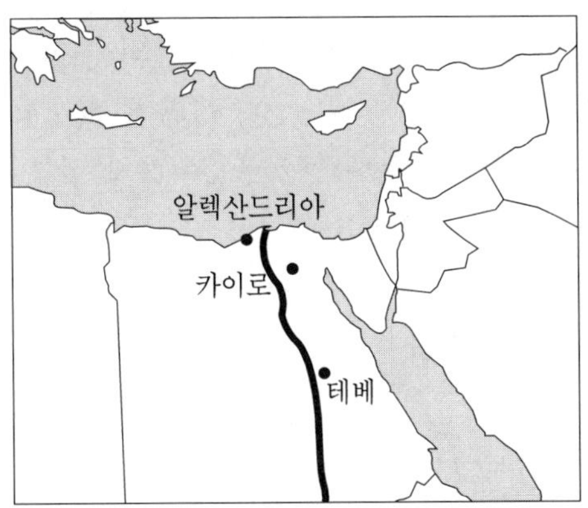

메스(Ahmes)라는 서기관이었기 때문에 '아메스 파피루스'라고 부르기도 한다.

《린드 파피루스》는 신성문자(神聖文字)가 아닌 신관문자(神官文字)로 씌어져 있으며, 내용적으로는 1/3 또는 1/5이라는 식으로 단위분수로 나누어진 표(문제)와 땅의 넓이, 창고의 부피 등에 대한 문제 등이 중심이 되고 있다.

기록 속에는 잘못된 예도 포함되어 있는데, 어떻게 그런 잘못이 기록되었는지 추리해 봄으로써 당시 이집트인의 생각이나 기질, 과학 등의 수준을 짐작해 볼 수 있다.

$$\frac{2}{7}=\frac{1}{4}+\frac{1}{28} \qquad \frac{2}{97}=\frac{1}{56}+\frac{1}{679}+\frac{1}{776} \qquad \frac{1}{99}=\frac{1}{66}+\frac{1}{198}$$

단위분수

단위분수란 분자를 1로 갖는 분수, 즉 $\frac{1}{2}$, $\frac{1}{3}$, $\frac{1}{4}$, … 등을 의미한다.

'호루스의 눈' 분수란

아래 그림은 파피루스에 그려진 호루스신의 눈이다. 호루스는 이집트의 농업신 오시리스의 아들이다. 아버지 오시리스가 그의 동생 세트신에게 피살되어 호루스는 부득이하게 작은아버지 세트신과 싸우게 되는데, 그만 세트의 역습을 받아 두 눈을 난도질당하게 되었다. 그리하여 지혜의 신 토토가 호루스의 눈을 $\frac{1}{2}$, $\frac{1}{4}$, $\frac{1}{8}$, … 하는 식으로 주변에 흩어진 것을 모아 마지막에 $\frac{1}{64}$ 을 더하여 호

■ '호루스의 눈' 분수

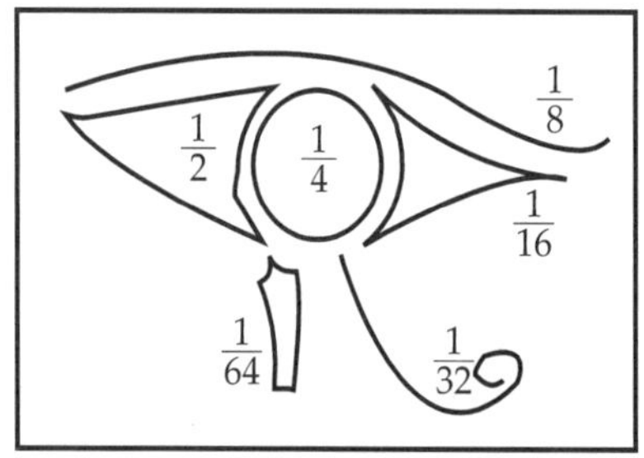

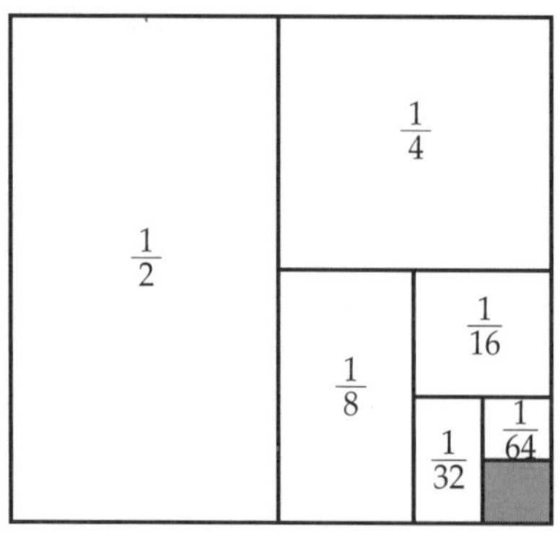

■ 파피루스에 그려진 호루스의 눈

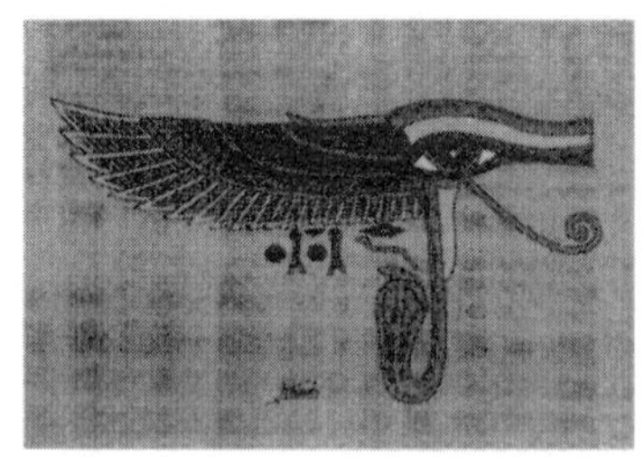

화씨(華氏) 온도는 호루스의 지혜에서?

물이 끓는 온도를 212℃, 그리고 물이 어는 온도를 32℃로 하여 그것을 180등분한 것이 화씨 온도이다.

루스의 눈을 원상으로 복원시켰던 것이다.

이와 같은 등비수열(等比數列)의 분수를 이집트에서는 '호루스의 눈 분수'라고 불렀는데, 호루스의 눈 분수는 린드 파피루스의 부피 단위분수에서도 사용되고 있다. 뒤에서 언급할 이집트 특유의 단위분수와도 연계되는 사고방식이다.

피라미드를 지어 올린 밧줄 측량사의 비밀

그 옛날 이집트에서는 피라미드를 비롯하여 여러 가지 웅장한 건조물이나 신전을 지었는데, 이것은 이집트 사람들이 이미 측량술에 대한 상당한 지식을 가지고 있음을 의미한다고 할 수 있다. 나일강이 범람하여 어디가 누구의 땅인지 분간하기 어려울 때 토지를 정확히 측량해 주는 사람이 필요했다. 그때 그러한 일을 했던 직업인이 소위 '밧줄 측량사'이다. 이들은 똑같은 간격으로 매듭을 지은 밧줄을 이용해서 '3 · 4 · 5'로 삼각형을 만들면 정확히 직각이 되는 것을 알고 있었다. 이 수의 편성을 '피타고라스의 수'라고 말하는데, 이집트 시대 이전에 이미 고대 수메르에서도 이 원리를 알고 있었던 것이다.

■ 이렇게 하면 '피타고라스의 수'를 만들 수 있다

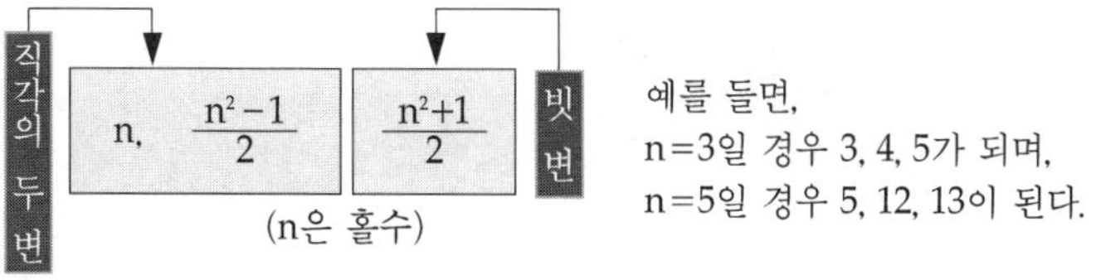

'피타고라스의 정리'인가, '직각삼각형에 대한 정리'인가?

보통의 경우 '피타고라스의 정리'라고 부르는 것이 어감도 좋지만, 교과서상으로는 '직각삼각형에 대한 정리'라고 부른다.

어쨌든 피라미드의 정확한 높이와 부피로 보아 당시 그들이 얼마나 정확하게 측량했는지 놀라지 않을 수 없다. 그런데 더욱 놀라운 것은 인도에서는 3 : 4 : 5의 경우는 물론 5 : 12 : 13이나 7 : 24 : 25, 그리고 12 : 35 : 37이 각기 직각삼각형을 만든다는 사실까지도 알고 있었다는 사실이다.

이렇게 볼 때 수메르인이나 이집트의 밧줄 측량사들은 모두가 피타고라스의 정리를 경험을 통해 알고 있었다.

그럼에도 불구하고 왜 '수메르의 정리'나 '밧줄 측량사의 정리'라고 부르지 않고 훨씬 후대의 피타고라스에게 영예의 꽃다발을 양보했는가? 그 이유는 수메르인이나 이집트의 밧줄 측량사들이 '3 : 4 : 5'나 '5 : 12 : 13'과 같은 수를 편성하면서도 '왜 직각삼각형이 되며, 직각삼각형의 3개의 변 사이에는 어떠한 관계가 있는가' 하는 데까지는 추구하지 않았기 때문이다. 이것은 그들이 경험을 통해 자연스럽게 실생활에 사용하면서도 체계적인 수학으로 발

■ 바닥의 타일 무늬에도 피타고라스의 정리가 숨어 있다

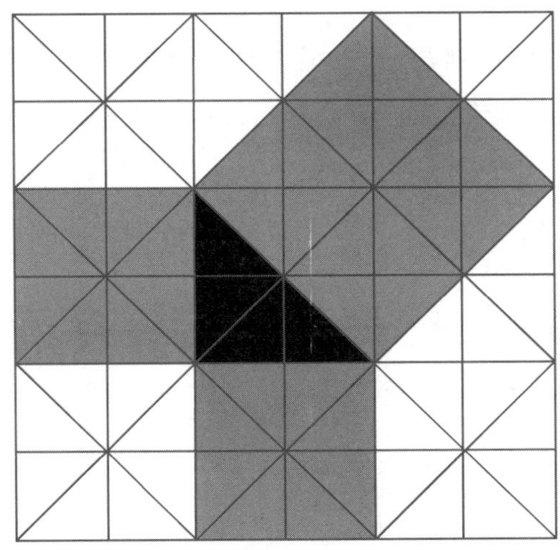

전시켜 보겠다는 생각은 하지 않았기 때문인 것으로 추측된다.

피타고라스는 3 : 4 : 5나 5 : 12 : 13 등의 직각삼각형에 대한 성질에 대하여 보다 깊이 연구하였다. '어떠한 직각삼각형이라도 짧은 두 개의 변의 길이를 제곱하여 합한 것은 가장 기 변의 길이를 제곱한 것과 같다.'

역으로, '$a^2+b^2=c^2$'일 때 c를 빗변으로 하는 직각삼각형이 된다는 것을 공식화하여 오늘날 빛을 발하고 있는 '피타고라스의 정리'를 세운 것이다. 그러나 불행히도 이에 대한 증명은 여러 가지 방법(약 370여 개)이 있어 그가 어떤 방법으로 증명했는지는 알 수 없었다. 그것은 유클리드의 시대에 와서야 증명되었다.

이렇게 하여 근대 수학으로서의 발전은 '왜 그러한가?'를 의심해 보는 그리스 시대까지 잠을 자게 된 것이다.

나일의 어원

'나일'은 그리스인이 부르는 호칭으로 '강'이라는 뜻이다. 고대 이집트인은 하피강이라고 불렀으며, 나일강의 수원(水源)이 확실치 않았을 때에는 '아울강(수수께끼라는 뜻)'이라고도 불렀다고 한다.

《린드 파피루스》에의 도전 $(1 - \pi) = \sqrt{10}$ 이 되는 이유

《린드 파피루스》에는 모두 87가지 문제가 수록되어 있으며, 밭의 넓이, 창고의 부피 등 농업국에 걸맞은 예제가 나와 있다. 우선 원의 넓이를 구해 보기로 하자.

'지름이 9케트인 둥근 땅의 넓이는 얼마인가?'

지름이 9케트이므로 반지름은 4.5케트가 된다. 원의 넓이는 πr^2 이므로 $4.5 \times 4.5 \times 3.14 = 63.585$로서, 약 63.6세타르트가 된다. 그런데 《린드 파피루스》에서는 다음과 같이 풀고 있다.

① 지름의 $\frac{1}{9}$ 을 뺀다 $\rightarrow 9 - 9 \times \frac{1}{9} = 9 - 1 = 8$

② 이것을 제곱한다 $\rightarrow 8^2 = 64$ (답 : 64)

도대체 어디에서 이 같은 생각이 나왔을까? 분명히 원과 같은 곡선 내의 넓이를 구하기란 여간 힘든 일이 아니다. 그러나 '원을 정사각형으로 바꾸어 놓는다'면 쉽게 넓이를 구할 수가 있다.

다음에 제시된 그림처럼 조작해 나가면 반드시 '원의 넓이＝정사각형의 넓이'가 될 때를 이집트인은 '원과 정사각형의 지름의 비율이 9 대 8'의 위치일 때라고 생각했고, 이때 서로의 과부족이 해소된다고 보았다.

실용적으로는 큰 문제가 없지만 수학으로서는 엄밀성이 결여되었다고 할 수 있다. 이와 같이 답의 타당성 여부에 따라 문제에 접근하는 그들의 사고방식을 통해 당시의 생활태도를 어느 정도 유추해 볼 수 있다.

길이와 넓이는 관계가 없는가?

현재 우리들은 'm×m＝m²' 이라고 대수롭지 않게 다루고 있지만, 고대 이집트에서는 '길이'의 단위와 '넓이'의 단위는 전혀 별개의 것이라고 생각하였다.

■ '린드 파피루스' 의 재미있는 발상

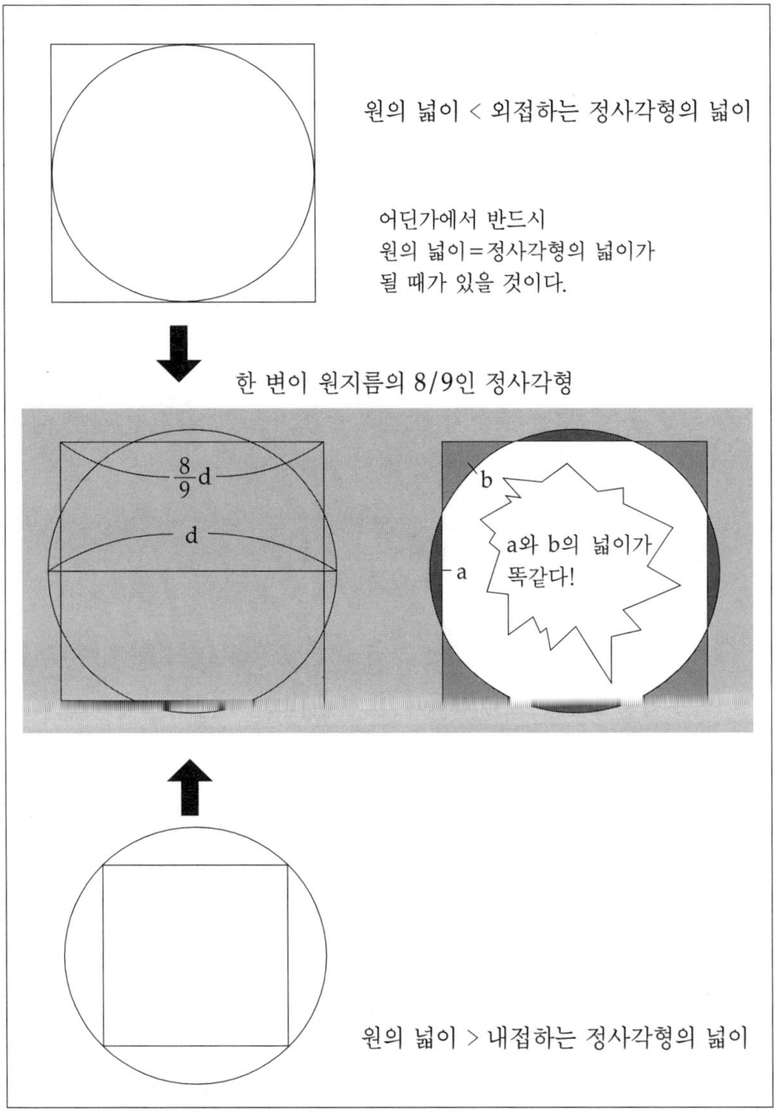
원의 넓이 < 외접하는 정사각형의 넓이
어딘가에서 반드시
원의 넓이 = 정사각형의 넓이가
될 때가 있을 것이다.
한 변이 원지름의 8/9인 정사각형
8/9 d
d
b
a
a와 b의 넓이가 똑같다!
원의 넓이 > 내접하는 정사각형의 넓이

《린드 파피루스》에의 도전 2

《린드 파피루스》에서의 또 하나의 잘못된 예를 살펴보기로 하자.

'빗변이 10케트, 밑변이 4케트인 이등변삼각형의 모습을 한 토지의 넓이는 얼마인가?

지금은 피타고라스의 정리를 이용해 (밑변×높이)÷2로 넓이를 구할 수가 있다. 그러나 당시 이집트에서는 피타고라스의 정리를 알지 못했다. 그렇다면 과연 '린드 파피루스' 시대의 사람들은 이 문제를 어떻게 풀었을까? 그들은 아주 간단하게 (밑변×빗변)÷2라는 공식을 통해 20세타트라는 답을 내었다.

이 이등변삼각형은 높이와 빗변의 길이가 크게 틀리지 않기 때문에(10과 9.8) 큰 오차가 생기지 않지만, 이 방법을 그대로 정삼각형에 이용해 보면 꽤 큰 오차가 생긴다. 비록 계산을 할 줄 모르는 농민이라도 나일강이 범람하기 전에는 땅에 묘목을 30그루나 심을 수가 있었는데, 홍수가 지나고 재측량을 한 후에는 27그루밖에 심지 못한다면 불만을 터뜨리지 않을 수 없을 것이다. 하물며 강이 범람할 때마다 경지면적이 줄어든다면 극단적인 경우 농민반란이 일어날지도 모르는 일이다.

■ 빗변이 10, 밑변이 4인 이등변삼각형의 넓이

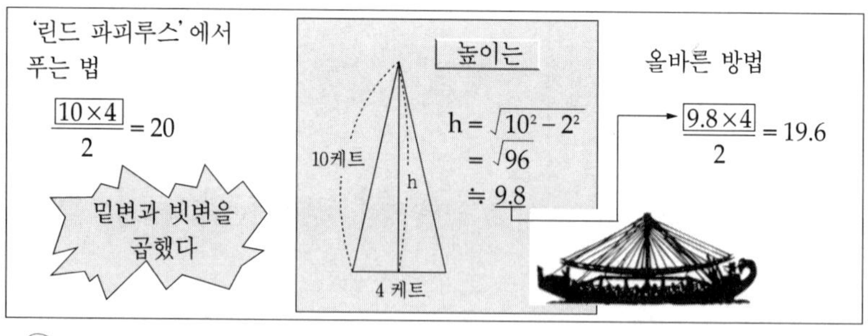

왜 기묘한 단위분수를 만들었는가

'린드 파피루스'의 특징은 '2를 홀수로 나눈 표'가 많이 등장하고 있다. 거기에다 다음과 같은 '단위분수의 합'으로도 표시가 되어 있다(2/3는 제외).

$$2 \div 5 = \frac{1}{3} + \frac{1}{15}, \quad 2 \div 7 = \frac{1}{4} + \frac{1}{28}, \cdots$$

지금이라면 2를 5로 나눌 경우 단순히 2/5라고 표기하지만, 이집트에서는 일부러 '다른 분모를 사용한 단위분수의 합'으로 나타냈다. 이것은 당시의 이집트에는 '분자'라는 개념이 없었기 때문이다. 그렇지만 목적 여하에 따라서 다른 해석이 가능하다. 예를 들면, 다섯 사람이 2개의 빵을 균등하게 분배할 경우 2/5씩 나누지 않아도 우선 1/3씩 크게 나누고 나머지를 다시 다섯 사람이 나눈다는 등의 사고방식이다.

그 당시 이집트에서 이와 같은 분수를 왜 사용했는지에 대해서는 확실한 근거가 없지만, 《린드 파피루스》의 대부분이 단위분수의 표로 이루어져 있는 것으로 그들이 단위분수를 얼마나 중요하게 여겼는지 엿볼 수 있다.

2개의 핫케이크를 다섯 사람이 나누어 가질 경우, 다음 페이지의 그림과 같이 2/5로 나누는 것보다 우선 1/3씩 분배하고 나머지를 1/5(실제는 1/15)로 세분하는 방식을 통해 마찰을 피하려 했던 것인지도 모른다.

우리 나라는 소수 문화

사용하고 있는 수(數)체계로 문화권을 분류한다면 우리 나라나 일본, 중국 등은 소수(小數) 문화(10진수를 사용했기 때문에 소수에 위화감이 없다)라고 할 수 있고, 유럽이나 중동은 분수(分數) 문화(60진수로서 소수는 어렵다)라고 할 수 있다.

■ 단위분수는 처음에 큰 부분을 분배한다는 사고방식

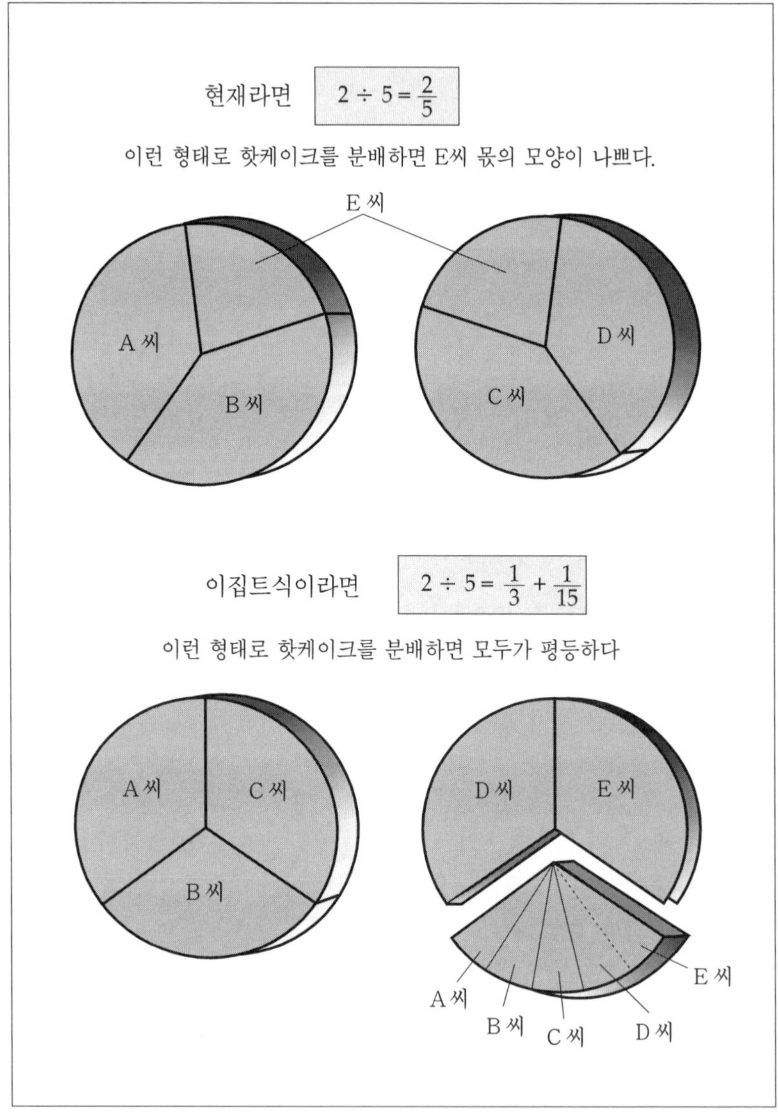

《린드 파피루스》의 자매서?

파피루스 문서로서는 《린드 파피루스》 외에도 25가지 문제로 구성된 《모스크바 파피루스(BC 1900년경)》가 있다.

■ 파피루스의 단위분수

문 제

$2 \div 5$의 계산을 분자가 1이 되는 분수의 합으로 나타내면 다음과 같다.

$$2 \div 5 = \frac{1}{3} + \frac{1}{15}$$

이것은 2개의 물건을 5사람에게 나누어 줄 때 우선 그것을 3등분하여 5사람이 1개씩 가지고 나머지 1개를 다시 5등분하여 5사람에게 나누어 주는 방법이다. 이 예에 따라 답을 구하라.

$$3 \div 5 = \frac{1}{(\ \ )} + \frac{1}{(\ \ )}$$

$$4 \div 5 = \frac{1}{(\ \ )} + \frac{1}{(\ \ )} + \frac{1}{(\ \ )}$$

위 문제를 생각해 보자. 자세히 보면 《린드 파피루스》와 흡사하고, 몹시 닮은 옛날 이집트인이 생각했던 단위분수와 조금도 다르지 않다.

그런데 '$3 \div 5$는 $\frac{3}{5}$이 틀림없다.' 다른 견해로 풀어보자(앞의 설명을 참고로 그림을 그려가면서 생각해 보기 바란다).

파피루스의 분수

단위분수는 정수와 구별하기 위해 타원형의 기호를 붙였다. 2/3만은 단위분수로 나누지 않고 특별한 기호를 사용했다. $\frac{1}{2} = $ ⬯ $\frac{1}{3} = $ ⬯

■ 이런 식으로 생각하면 쉽게 풀 수 있다

$3 \div 5$

우선 $\frac{1}{2}$개씩 나눈다. 나머지 $\frac{1}{2}$개를 5사람이 나눈다.

$$3 \div 5 = \frac{1}{2} + \frac{1}{2} \times \frac{1}{5} = \frac{1}{2} + \frac{1}{10}$$

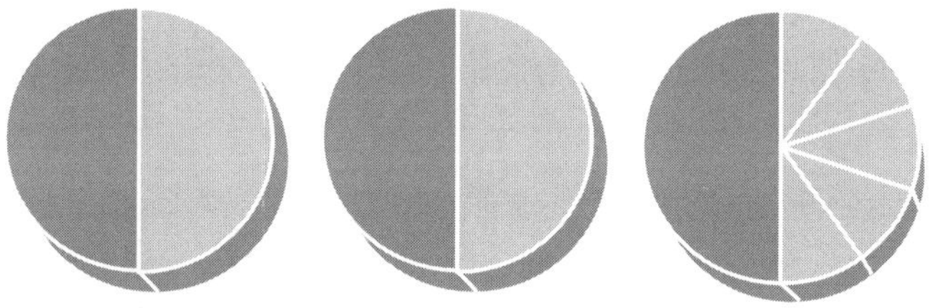

$4 \div 5$

우선 $\frac{1}{2}$개씩 나눈 다음 나머지 $1\frac{1}{2}$개를 5사람이 $\frac{1}{4}$씩 나눈 후 나머지 $\frac{1}{2}$개를 $\frac{1}{20}$씩 나눈다.

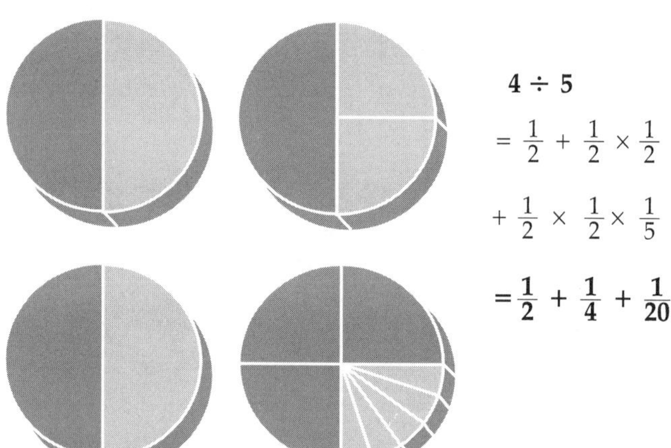

$$4 \div 5$$
$$= \frac{1}{2} + \frac{1}{2} \times \frac{1}{2}$$
$$+ \frac{1}{2} \times \frac{1}{2} \times \frac{1}{5}$$
$$= \frac{1}{2} + \frac{1}{4} + \frac{1}{20}$$

별도의 풀이

$4 \div 5$는 $\frac{1}{2} + \frac{1}{5} + \frac{1}{10}$로도 풀 수 있다.

3

그리스 수학은 획기적인 발견

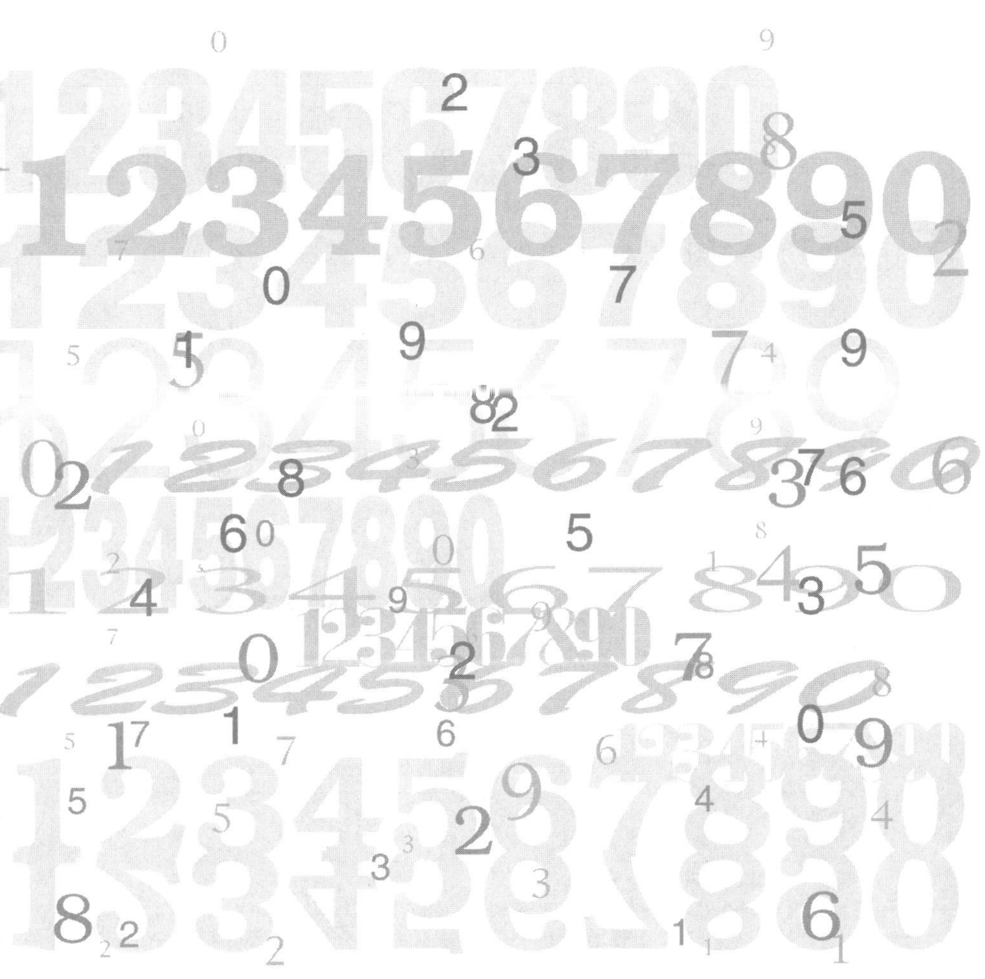

직선은 낱개의 점들이 늘어서 있는 것

선을 그을 경우 아무리 가늘게 그으려고 해도 반드시 '폭'이 생긴다. 아무리 작은 점이라 해도 점 자체가 넓이를 지니게 되므로 크기를 갖게 되는 것이다.

따라서 세상에는 궁극 단위의 '점(극히 작지만 크기의 규모가 있다)'이 있으며, 그것이 연결되어 직선(혹은 곡선)이 된다고 생각해도 별로 문제가 되지 않는다. 만약 그 선을 현미경으로 들여다보면 어떤 모습일까? 틀림없이 낱개의 작은 점들이 마치 염주를 꿰어놓은 듯이 보일 것이다. 그리고 그 점들의 '개수 차이가 길이의 차이'를 가져온다고 생각하는 것이 자연스러울 것이다.

고대 그리스인들은 그것을 규명하려다가 뜻하지 않은 혼란에 빠졌다. 그 하나가 제논의 패러독스(역설)였으며, 또 하나는 '무리수'의 존재였다.

■ 선을 확대시켜 보면 입자가 이어진 듯한 점을 볼 수 있다

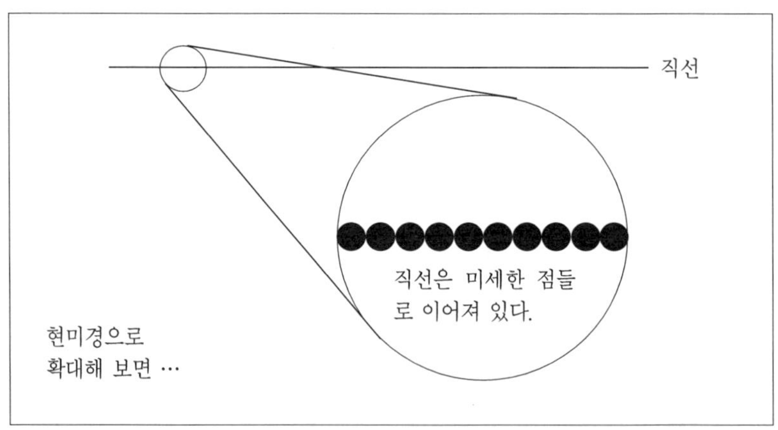

궁극의 입자가 가지는 모순

세상에 '궁극의 입자'가 존재한다면 그 입자수의 비(比)가 길이가 되는 것이다. 즉, 2개의 선분의 비는 항상 '자연수 : 자연수, 유리수의 비가 될 것이다($\frac{\text{자연수}}{\text{자연수}} \Rightarrow 1 : 유리수$). 그러나 무리수는 '자연수의 비'로서는 나타낼 수 없다.

날아가고 있는 화살은 실은 정지하고 있다

제 3 장 그리스 수학의 획기적인 발견

기원전 5세기 그리스에서는 궤변학파(詭辯學派, sophist)가 매우 성행하였다. 그들의 영수격인 제논은 해괴망측(?)한 주장을 하였는데, 바로 "날아가고 있는 화살은 실은 정지하고 있다"는 설이다.

지금 날아가고 있는 화살이 있으며, 그 위치가 A지점이라고 하자. 이 화살은 A지점에 도달하기 전에 중간지점인 B를 통과하지 않으면 안 된다. 더욱이 B지점에 도달하기 전에 C지점을, C지점에 도달하기 전에 D지점을, … 각각 통과하지 않으면 안 된다. 그런데 그리스인은 시간은 얼마든지 무한히 자를 수가 있지만 화살의 궤적(선)은 무한히 자를 수가 없는 유한한 점으로 구성되어 있다고 생각해 왔다. 그래서 결국 '날아가고 있는 화살이라 해도 출발점 X에서 조금도 앞으로 날지 못한다'는 생각을 하게 된 것이다.

결정적인 문제점은 '선이란 크기가 있는 유한한 점으로 구성되어 있다'는 상식에 있었다. 유클리드는 《기하학원론》에서 '선에는 폭이 없으며 점에는 크기가 없다'고 정의했는데, 이러한 문제는 17세기 미분이 등장할 때까지 해결되지 못했다.

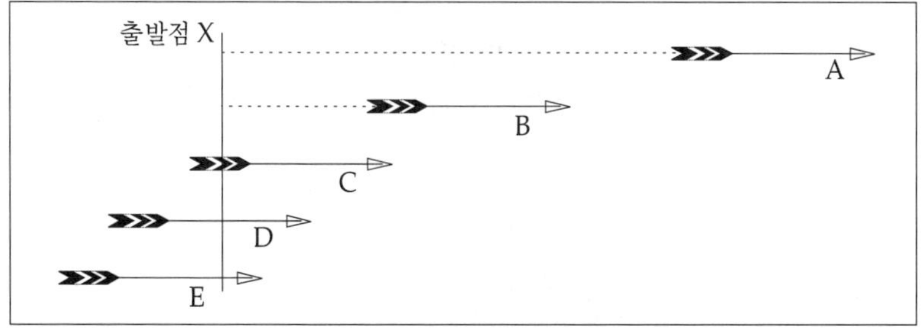

■ 날아가는 화살의 논리

제논의 역설

제논의 역설 가운데 유명한 것이 '아킬레스는 거북이를 따라잡지 못한다'는 것이다. 그러나 이것도 '궁극의 입자'를 인정해 버리면 모순이 생기게 마련이다.

피타고라스 학파가 무리수를 두려워한 까닭

1, 2, 3, 4, … 이렇게 세는 자연수는 지금의 우리들에게는 가장 친근한 수라고 할 수 있다. 그러나 세상에는 얼마든지 복잡한 수가 잠재해 있다. 그 대표적인 것이 무리수이다. 무리수(無理數)란 '정수(整數)와 정수의 비(比)로서는 표현할 수 없는 수'로서, 이 무리수에 반해 '정수와 정수의 비로 표현할 수 있는 수'를 유리수(有理數)라고 부른다. 고대 그리스의 피타고라스 학파 사람들은 직각이등변삼각형에서 자연수도 분수도 아닌 매우 이해할 수 없는 수를 발견해 냈던 것이다.

피타고라스의 정리에 의하면, 다음 페이지의 삼각형 ABC에서 변 AC의 제곱은 변 AB, 변 BC의 각각의 제곱을 더한 것과 같으며, 제곱하면 2가 되는 수이다. 그러나 이 수는 분수로 나타내지 못하였는데(다음 그림 참조) 이로 인하여 피타고라스 학파는 치명적인 타격을 받았다고 전해지고 있다. 왜냐하면 '선은 입자의

■ 피타고라스의 음계

🔍 **피타고라스의 음계**

피타고라스는 모든 만물을 수라고 생각했는데, 특히 10＝1＋2＋3＋4에서 10을 완전수라고 정의했다. 또 현의 길이가 1 : 2, 2 : 3, 3 : 4의 경우는 1옥타브(8도), 5도, 4도의 음정을 발생시킨다고 규정했다.

■ 왜 $\sqrt{2}$는 무리수인가?

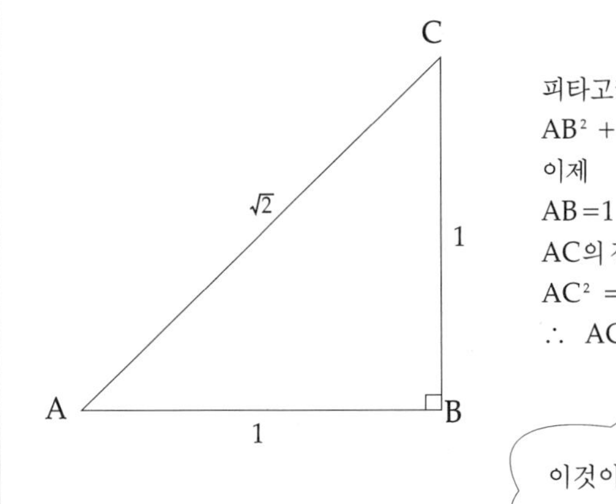

$\sqrt{2}$ 는 무리수(분수로 나타내지 못하는 것)의 증명

$$\sqrt{2} = \frac{b}{a}\,(a, b는 서로 소)$$

이것을 제곱하여 정리하면

$$2a^2 = b^2$$

b가 짝수임을 알기 때문에, b = 2c라고 할 때

$$2a^2 = 4c^2(= b^2)$$

즉 $a^2 = 2c^2$

이에 따라 a도 짝수이기 때문에, a=2d라고 할 때

$$\sqrt{2} = \frac{b}{a} = \frac{2c}{2d}$$

이것은 'a, b가 서로 소'에 반하므로 분수로는 나타낼 수가 없다.

그러므로 무리수이다.

🔍 동굴 속에 살았던 피타고라스

어느 학자에 의하면 피타고라스는 사모스라는 섬을 좋아했는데, 특히 동굴 속에서 사색을 하며 지냈다고 한다.

점으로 이루어져 있다'는 대원칙에서 말한다면 길이는 반드시 '자연수의 분수형'으로 나타낼 수 있어야 하기 때문이다.

이 때문에 피타고라스 학파에서는 무리수는 '있어서는 안 될 수'로 못박고 무리수의 존재를 누설하는 것을 금하고 오랫동안 비밀로 하였다. 그것을 외부에 누설한 자는 내부에서 은밀히 처형해 버렸다는 끔찍한 이야기도 있다. 진실을 깨닫고 그것을 인정하고 이야기하는 것이야말로 진정한 용기라고 할 수 있으리라.

왜 원의 넓이는 'πr^2'이 되는가

π를 원주율(圓周率)이라고 부르는 까닭은 원둘레의 길이를 지름×π로 산출해 낼 수 있기 때문이다. 그렇다면 원의 넓이가 왜 'πr^2'이 되는지 알아보자. 우선 둥근 곡선의 넓이를 미적분 없이 생각해 본다.

다음 그림과 같이 원을 칼로 잘게 자른 후 그것을 서로 맞물리도록 펼쳐 놓는다(그림에서는 식별하기 쉽게 채색을 하여 구별했다). 이렇게 하여 가운데 그림처럼 평행사변형에 가까운 것을 얻을 것이다. 이를 더욱 잘게 자르면 마지막 그림과 같은 직사각형에 가까운 모양이 될 것이다.

이와 같이 잘게 잘려진 원은 직사각형의 모습으로 바뀌게 되는데, 세로가 반지름(r), 가로가 원둘레의 반(πr)이기 때문에 이것을 곱해주면 원의 넓이를 구하는 공식이 나오게 된다. 만일 여기에서 '지름=1'이라면 가로의 길이는 3.1415926535……라는 'π의 근사값'이 된다.

유리수 (有理數, rational number)
유리수란 정수와 정수의 비로써 표현할 수 있는 수이며, rational의 어원은 ratio에서 비롯되었다. 따라서 유리수는 당연히 비수(比數)와 같이 불리어야 하겠다.

■ 원을 직사각형으로 바꾸어 넓이를 측정

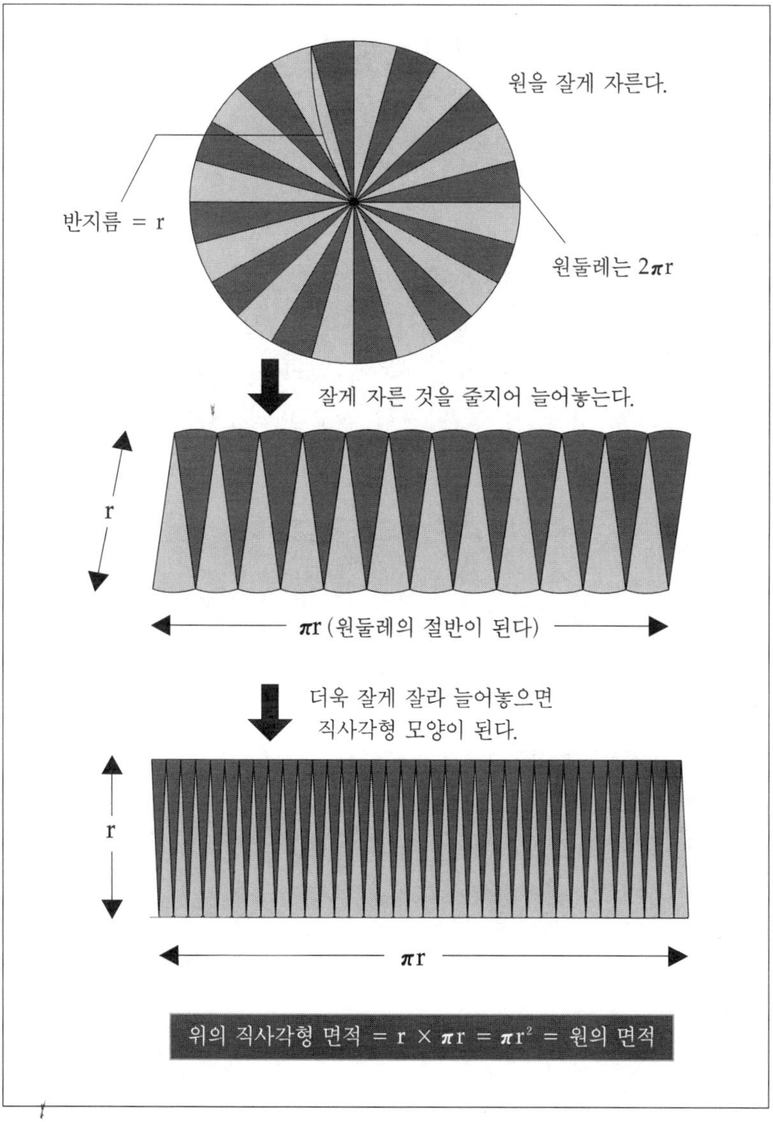

원을 잘게 자른다.
반지름 = r
원둘레는 2πr
잘게 자른 것을 줄지어 늘어놓는다.
r
πr (원둘레의 절반이 된다)
더욱 잘게 잘라 늘어놓으면
직사각형 모양이 된다.
r
πr
위의 직사각형 면적 = r × πr = πr² = 원의 면적

부채꼴을 세모꼴로

반지름 r = 높이 r
높이 r
a
a

위의 설명이 이해가 되지 않는 사람은 오른쪽 그림을 보자. 부채꼴은 세모꼴로 고쳐놓을 수 있다(호(弧)는 밑변). 여기에서 $a = 2\pi r$이라면 $ra/2 = \pi r^2$이 된다.

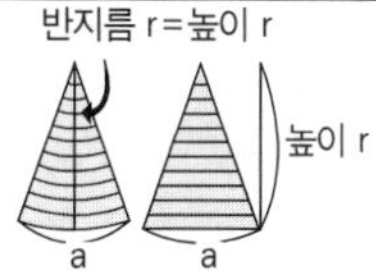

아르키메데스의 묘비

원의 넓이를 알게 되었으니 '둥근 물체의 부피'를 구하는 재미 있는 방법을 생각해 보기로 하자.

원기둥이나 원뿔의 부피에 대해서는 추측이 가능하지만, '구의 부피'에 대해서는 알 수가 없다. 왜 $4\pi r^3/3$가 되어야 하는가.

지금으로부터 2,000년 전 아르키메데스(BC 287~212)도 이 문제에 대해 매우 고심을 한 모양이다. 둥근 물체의 겉넓이는 미적분을 사용하여 적분하면 단번에 해답이 나오겠지만, 당시에는 그와 같은 수학이론이 없었기 때문에 머리를 쓰는 수밖에 없었다. 그는 '원기둥, 원뿔, 구'를 나란히 놓고 바라보다가 '원뿔과 구를 평행하게 똑같이 단면으로 자른 것을 합하면 그 수치는 항상 일정하여 원기둥의 단면적과 같아진다'는 발상을 하게 되었다.

'부피란 평면을 겹쳐놓은 것'이라고 생각할 수 있기 때문에 '구＝원기둥－원뿔'이라고 계산함으로써 구의 부피를 구할 수 있

■ 원기둥과 원뿔의 부피를 구하는 방법

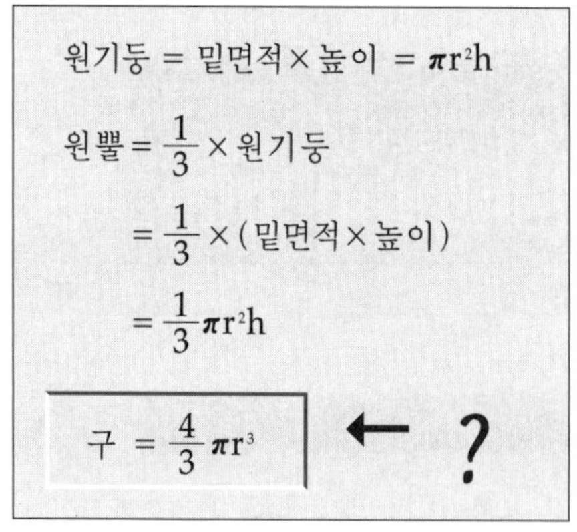

■ 유언에 따른 묘비의 그림

아르키메데스의 묘비

구, 원뿔, 원기둥이라는 세 도형의 관계에 감격한 아르키메데스는 '자신이 죽은 다음 묘비에 이 도형을 새겨달라'고 부탁했다.

■ 어디를 잘라도 '원뿔＋구＝원기둥' 의 신기한 관계

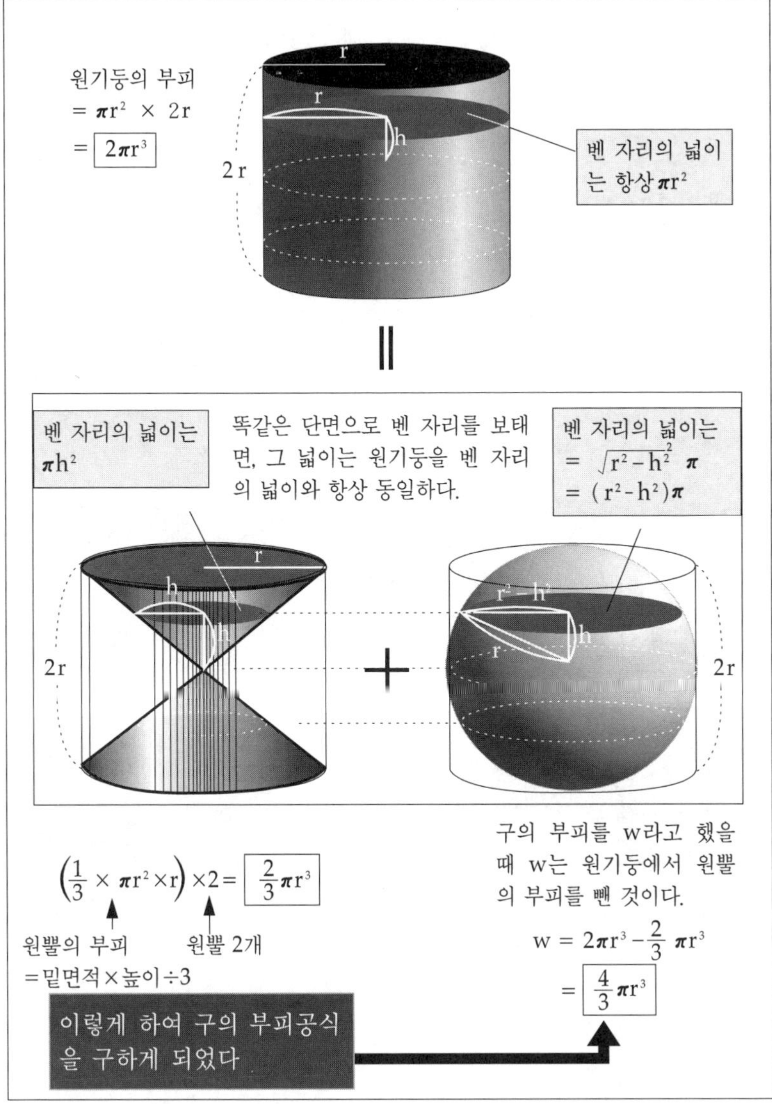

미적분으로 부피를 구한다

구의 겉넓이는 $4\pi r^2$이다. 겉넓이를 r로 적분한 것이 구의 부피라고 생각할 수 있기 때문에 $4\pi r^2$ 을 적분하면 $4\pi r^3/3$이라는 해답이 나온다.

다(엄밀한 증명은 물론 미적분을 사용한다). 이와 같은 기발한 발상에 매우 만족한 아르키메데스는 자기가 죽은 다음 자신의 묘비에 앞에 나온 도형을 새겨 달라고 제자들에게 부탁했다고 한다.

제곱근의 계산법

피타고라스에 의해 알려진 무리수 $\sqrt{2}$는 1.41421356…이다. 이 숫자를 쉽게 암기하는 방법은 각자의 요령에 달려 있다. 그런데

■ 제곱근도 다음과 같이 계산이 가능하다

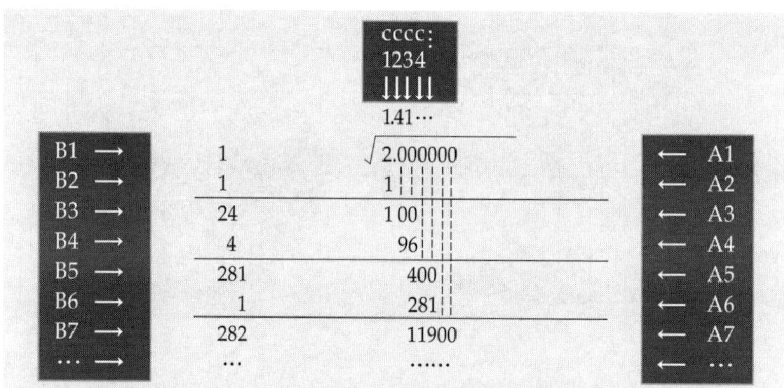

1. $\sqrt{2}$로 똑같은 수를 곱하여 '2' 또는 이에 가까운 숫자는 '1'.
   그러므로 B1과 C1에 '1'을 넣어 '1'의 결과 (1)을 A2에 쓴다.
2. (A1 − A2)는 1. 따라서 A3에 1을 넣어 00을 내려오게 한다.
3. B1 밑의 B2에 B1과 똑같은 '1'을 더해 합한 값(2)을 B3에 쓴다.
4. 2□×□가 100 또는 100에 가까운 숫자를 생각한다. 여기서는 '4'를 넣으면
   24×4 = 96이 되어 가장 가깝다. 그래서 B3은 '24', C2에는 '4'가 들어간다.
5. 이렇게 하여 B4에 똑같은 4를 넣어 합계 28을 B5에 써넣는다.
6. 이런 식으로 똑같이 써넣어가면 차례차례로 '제곱근'을 구할 수 있다.

주판으로 제곱근과 세제곱근을 구한다

주판의 경우 단(段) 정도의 실력이 있으면 제곱근뿐만 아니라 세제곱근 계산까지도 할 수 있게 된다.

이 숫자가 어떻게 나오게 되었을까? 여기에서 제곱근의 계산방법을 알아보기로 하자.

앞 페이지에 제시된 그림처럼 계산을 하면 소숫점 이하 1만 자리, 2만 자리라도 시간이 허용할 경우 세밀히 구할 수가 있다.

아르키메데스의 피살

아르키메데스의 묘비 이야기가 나온 김에 그가 어떻게 죽었는지에 대해서도 살펴보기로 하자.

아르키메데스는 그리스의 식민지 시실리섬 시러큐스 태생의 자유인이었다. 그는 수학자, 물리학자로서만 아니라 갖가지 군사무기를 발명한 기술자로도 알려져 있었다. 나선 양수기(물-스크루)도 그가 발명하였다.

그러나 불행하게도 이 시기에 로마 제국과 카르타고가 지중해의 지배권을 둘러싸고 제2차 포에니 전쟁(BC 218~201)을 일으켰다. 당시 그리스는 영웅 한니발이 이끄는 카르타고의 편을 들었

■ 막강한 로마 군선도 궤멸

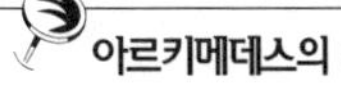

아르키메데스의 π

아르키메데스는 뉴턴, 가우스와 어깨를 나란히 하는 수학계의 '3대 거인' 으로 불려지고 있다. 특히 그가 고안해 낸 π 를 구하는 방식은 1,000년 이상이 지난 지금까지도 계속 사용되고 있다.

기 때문에 그리스의 식민지 시러큐스는 로마군의 총공격을 받게 되었다.

플루타르크의 《영웅전》이나 체체르의 《역사책》에 의하면, 바다와 육지 양쪽에서 로마군이 시러큐스에 대해 총공세를 감행했을 때 육지에서는 아르키메데스가 발명한 투석기를 이용하여 적진에 돌과 바위를 날려 적군을 물리쳤으며, 바다에서는 또 다른 발명무기를 이용하여 적군의 배를 바위에 부딪히게 함으로써 수많은 배를 파괴하였다(이 병기는 지레의 원리를 응용했다). 뿐만 아니라 멀리서 활을 쏘는 함선에 거대한 반사경을 비추어 태양광선을 이용, 로마군의 배를 불태우기도 하였다. 이렇듯 아르키메데스의 신무기는 로마군을 도처에서 괴롭혔던 것이다.

아르키메데스는 "설 자리만 있다면 내가 만든 하리스티언(기계의 이름)으로 대지를 흔들어 놓았을 텐데……"라는 유명한 말을 하였다.

예상 밖의 시러큐스 전법에 로마군들은 골탕을 먹었지만, 지략에 뛰어난 마르케루스가 장기간에 걸친 포위작전을 감행함으로써 결국 압도적으로 우세한 병력으로 성 안에 돌입해 들어가 난공불

■ 아르키메데스의 나선식 양수기

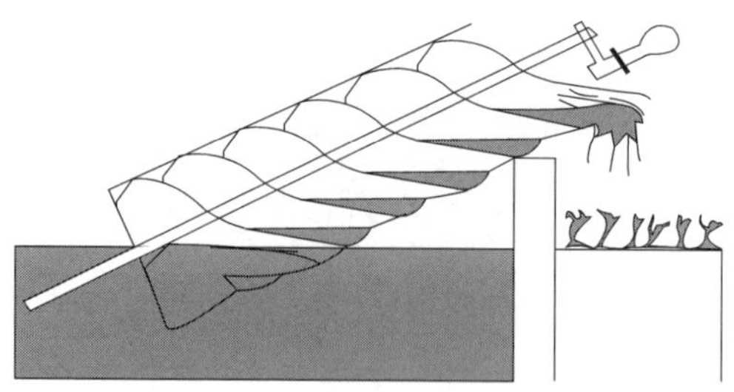

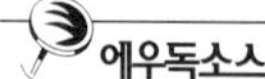 에우독소스

아르키메데스는 '조임법'으로 유명한데, 이 방법은 에우독소스가 최초로 발견해 냈다.

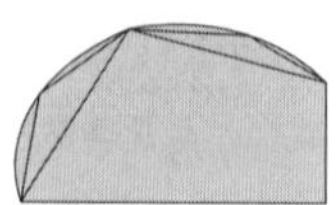

■ 아르키메데스가 생각한 '원의 넓이＝삼각형의 넓이'의 대치법(代置法)

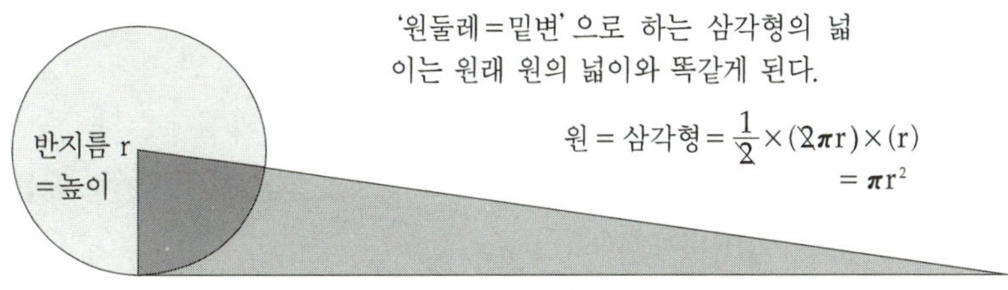

'원둘레＝밑변'으로 하는 삼각형의 넓이는 원래 원의 넓이와 똑같게 된다.

$$원 = 삼각형 = \frac{1}{2} \times (2\pi r) \times (r) = \pi r^2$$

락의 시러큐스도 마침내 함락되고 말았다.

로마군이 성 안으로 진입하기 직전 마르케루스는 "아르키메데스만은 어떻게 해서라도 살려두어야 한다"고 부하에게 엄명했지만, 결국 그의 명령은 지켜지지 못했다.

아르키메데스의 최후에 대해서는 여러 가지 설이 있다.

그 중에서 다음의 이야기가 가장 신빙성이 있는 것으로 전해진다. 로마군이 성 안으로 진입했을 때 그는 기하학 문제를 땅에 그려놓고 깊은 생각에 잠겨 있었다. 로마 병사들이 그의 주변으로 우르르 몰려들자 늙은 아르키메데스가 "그 원을 밟지 말라"고 소리쳤으나 그 말을 이해하지 못한 병사들이 단칼에 그의 목을 베

■ 최후의 한마디

었다고 한다.

이 밖에 지면에 그려놓은 그림은 원이 아니라 그가 구상하고 있던 새로운 기계의 도면이라는 설도 있다. 그런가 하면 병사가 마르케루스 장군 앞으로 끌고 가려고 했더니, 아르키메데스가 큰소리로 "문제를 풀 때까지 기다리라"고 계속 고집을 부린 탓에 죽음을 당했다는 이야기도 있다.

어쨌든 적병이 시가지로 몰려오는데도 태연하게 연구에 몰두해 있었다는 것은 평범한 우리로서는 상상하기조차 어려운 일이다. 지금까지도 그의 죽음은 베일에 가려져 있지만 위대한 수학자의 최후는 많은 여운을 남기고 있다. 전투가 끝난 후 마르케루스 장군은 그의 시신을 정성껏 매장했다고 한다.

아르키메데스는 목욕탕에서 '물 속에서 물체는 그 물체와 같은 부피의 물만큼 가벼워진다'는 원리(부력)를 발견하자 너무도 감격하여 "유레카(eureka), 유레카"라고 소리치며 벌거숭이로 길거리로 뛰쳐나갔는가 하면, 자신이 죽으면 묘비에 기하학의 도면을 새겨달라고 유언하는 등 수많은 에피소드를 남기고 세상을 떠났다.

에라토스테네스는 지구의 크기를 측정했다

'지구는 둥글다'는 것을 처음으로 증거를 통해 설명한 사람은 그리스의 아리스토텔레스(BC 384~322)이다. 그는 그 증거로 다음의 세 가지 예를 들었다.

① 먼 곳에서 가까이 접근해 오는 배를 보면 우선 돛대부터 보

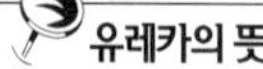
유레카의 뜻

유레카는 알았다 또는 됐다를 의미한다.

■ 에라토스테네스의 지구 측정법

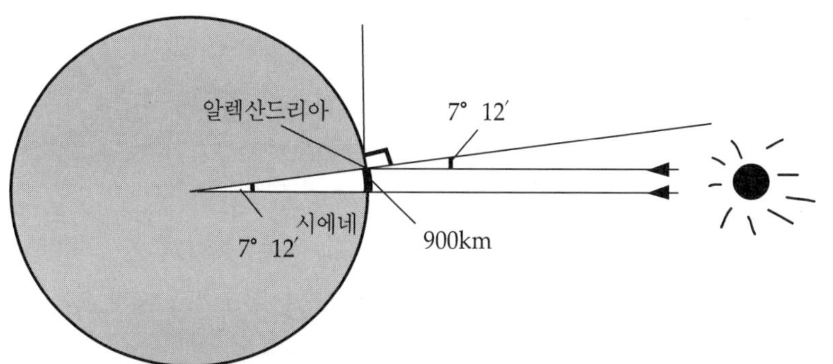

각　도		거　리	
지구 전체	시에네~ 알렉산드리아	지구 전체	시에네~ 알렉산드리아

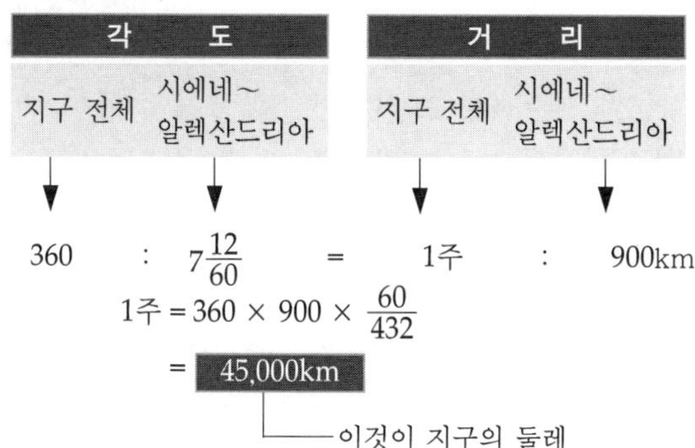

$$360 \quad : \quad 7\frac{12}{60} \quad = \quad 1주 \quad : \quad 900km$$

$$1주 = 360 \times 900 \times \frac{60}{432}$$

$$= \boxed{45,000km}$$

└── 이것이 지구의 둘레

■ 부산→태백에서도 계산이 가능하다

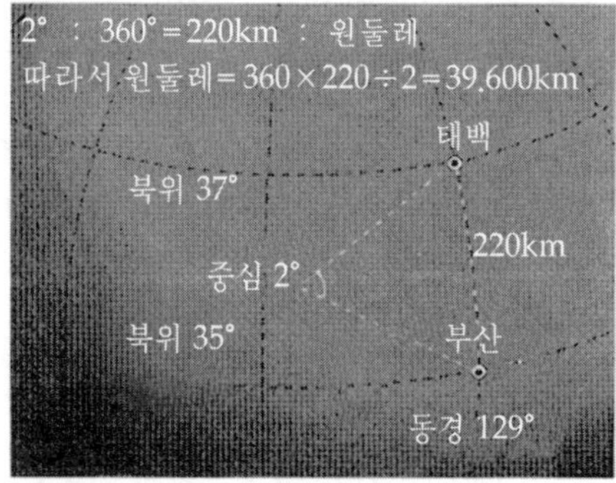

알렉산드리아의 도서관

알렉산드리아의 도서관은 고대 최대의 도서관으로 70만 권의 파피루스 장서가 있다. 그러나 대부분 그리스에서 빌려와 사본을 만들어 원본은 그리스에 넘겨주고 사본을 보관하고 있다.

이기 시작한다.

② 북쪽에 있을 때 머리 위에 보이던 별이 남쪽으로 가서 보면 아래로 처져 있다.

③ 월식은 지구의 그림자가 달에 비친 것으로, 그 그림자는 둥글다.

그리고 이집트의 에라토스테네스는 '만일 지구가 둥글다고 한다면 그 크기(둘레)는 어느 정도나 될까'를 생각했다. 당시는 '직선 거리, 각도' 등을 이용하여 측정할 수도 있었지만 멋진 지혜와 추리력을 가지고 문제를 해결하였다.

그가 살고 있었던 이집트의 시에네(지금의 아스완)에는 깊은 우물이 있었는데, 하지(夏至)가 되면 태양이 정확히 머리 위에 남중하여 우물 안을 밝게 비춘다는 사실을 알게 되었다. 그리고 시에네의 정북쪽에 알렉산드리아가 있었다. 에라토스테네스는 앞의 그림과 같이 알렉산드리아에서의 태양의 방향(7도 12분)과 양 도시의 거리(900km)를 측정함으로써 지구둘레가 45,000km라는 것 (실제는 약 40,000km)을 알게 되었다.

$$900 \times 360 \div 7\frac{12}{60} = 45{,}000(\text{km})$$

태양을 올려본 각은 지구 중심과의 사이에서 만든 각도와 같으므로(평행광선의 동위각) 누구라도 지구의 크기를 계산할 수 있다.

예를 들어, 똑같은 동경 129도 선상에 있는 태백시(북위 37도)와 부산시(북위 35도)가 거리상으로 220km 떨어져 있다면, 2도 (37−35)가 220km에 해당하므로 지구 전체(360도)는 220km의 180배로서 39,600km가 되는 것이다.

왜 알렉산드리아를 택했는가?

'지구는 둥글다'고 한 아리스토텔레스가 가정교사를 하고 있던 곳이 알렉산더 대왕의 집이었다. 그 왕의 이름을 딴 알렉산드리아를 택한 것은 에라토스테네스의 배려로 추측된다.

'태양까지의 거리'는 달까지의 몇 배가 되는가

에라토스테네스가 지구의 크기를 측정한 데 이어 '지구에서 태양, 그리고 달까지의 거리 비'를 처음으로 구한 사람은 아리스타르코스(BC 310~230, 유클리드의 제자)이다.

지구에서 보면 태양이나 달은 거의 똑같은 크기로 보인다. 그러나 지구와 태양 사이에 달이 끼여들어 일식 현상을 일으키기 때문에 달이 태양보다 지구 가까이 있다고 추측할 수는 있다. 그렇다면 태양은 달까지의 거리보다 몇 배나 더 먼 거리에 있는지 궁금하지 않을 수 없다.

아리스타르코스는 달은 태양과는 달리 스스로 빛을 발하지 못하여 보름달이 되거나 그믐달이 되기도 하는데, 이것이 바로 태양의 빛을 받아 반사하고 있는 것으로 추측하였다.

아래 그림은 지구, 태양, 달의 관계를 나타낸 것이다. 달이 반달이 되는 까닭은 태양으로부터 한 부분에만 빛을 받기 때문인데,

■ 삼각함수로 달, 태양까지의 거리 비를 구한 아리스타르코스

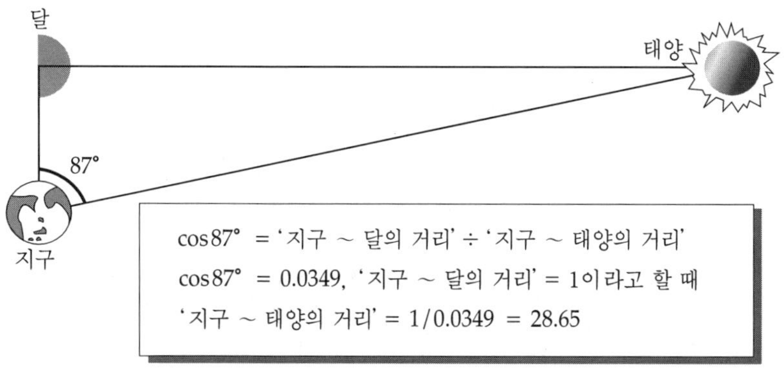

$$\cos 87° = \text{'지구} \sim \text{달의 거리'} \div \text{'지구} \sim \text{태양의 거리'}$$
$$\cos 87° = 0.0349, \text{'지구} \sim \text{달의 거리'} = 1 \text{이라고 할 때}$$
$$\text{'지구} \sim \text{태양의 거리'} = 1/0.0349 = 28.65$$

◉ 아리스타르코스

최초의 과학적 천문학자였던 아리스타르코스(BC 280년경)를 기점으로, 그때까지 관측을 바탕으로 하지 않았던 각자의 주장이나 이론에서 벗어나 관측을 통한 체계적인 천문학의 기초를 확립하였다.

이때 '달-지구-태양'의 각도를 측정하면 거대한 직각삼각형을 그릴 수 있다.

이때 각도를 재면 87°가 된다. 이것을 근거로 계산하면 '지구와 태양 사이의 거리'는 '지구와 달 사이의 거리'의 약 28배가 된다. 아리스타르코스는 이 같은 증명을 헤론왕에게 서신으로 제기했으며, 태양이 달에 비해 얼마나 더 먼가를 역설하였다. 그러나 실제로 '지구에서 달까지의 거리'는 38만km이며, '지구에서 태양까지의 거리'는 1억 5,000만km이므로, 28배가 아니라 약 400배에 달하는 엄청난 거리이다.

일단 거리를 알게 되면 부피 계산이 가능하다. 지구에서 본 외관상의 크기가 똑같기 때문에 '태양은 달의 5,832~8,000배의 부피를 갖고 있다'고 추측할 수 있다. 그러나 실제로는 달의 1억 배에 달하며, 중량은 지구의 254배에 이른다.

아리스타르코스는 여기에서 아주 중요한 결론을 이끌어냈다. 그것은 바로 '지구보다도 훨씬 무거운 태양이 지구의 주위를 돈다는 것은(천동설) 이해가 되지 않는 일이며, 오히려 지구 쪽에서 태양

■ 무거운 태양이 지구 주위를 돈다고?

🔍 측정오차

'달-지구-태양'의 각도는 87도가 아니라 89도 51분이다. 이것을 바탕으로 고쳐 계산하면 1/0.002618=381.97배로서 약 400배가 된다. 생각 자체는 좋았지만 당시의 측정 정밀도는 크게 떨어졌던 것이다.

의 주위를 돌고 있는 것이 아닐까?' 하는 것이었다. 즉, 아리스타르코스는 최초의 지동설론자였으며, 훗날 코페르니쿠스에게도 영향을 주었다. 단순한 삼각함수에서 출발하여 '지구가 돌고 있다'는 사실을 추측한 아리스타르코스의 추리력은 참으로 놀라운 것이었다.

양피지 부족으로 지워진 아르키메데스의 대논문

과거의 책이나 기록들이 현존하지 않는 경우는 셀 수 없을 정도로 많다. 인쇄기술의 발달은 15세기 중엽의 구텐베르크 시대까지 기다리지 않으면 안 되었으며, 그 전까지는 필사(筆寫)하여 사본을 뜨는 방법밖에 없었다. 따라서 분서갱유(焚書坑儒)와 같은 일이 생기면 그 시점에서 문화유산은 사라지고 말았다. 그러나 다행히 20세기가 된 오늘 사장된 문화유물이 여러 가지 형태로 발견되는 일이 가끔 있다. 아르키메데스의 '방법론'이 그 좋은 예에 속한다.

그의 논문은 모두 어느 것 하나 흠잡을 데가 없이 치밀한데, 그가 어떻게 그와 같은 생각을 하게 되었는가에 대해서는 일체 언급이 없었다. 물론 그로서는 독자적인 사고가 있었겠지만 이에 대한 문헌이 발견되지 않아 20세기에 이르도록 수수께끼로 남아 있었다.

그런데 마침내 1906년 콘스탄티노플의 수도원 도서관에서 20세기의 대발견이 일어났다. 그것은 아르키메데스가 에라토스테네스 앞으로 보낸 서신으로, 오늘날 '방법론(기계적 정리에 대해 언급한 방법)'이라는 이름으로 알려져 있다.

과정은 가르쳐주지 않았다

문제를 푸는 과정에 대해서는 천재학자 가우스처럼 아르키메데스도 언급하지 않았다. 고생한 과정도 내세우지 않고 단지 결과만을 나타내는 담백한 모습을 보여주었다.

당시 그리스어 원문은 양피지(羊皮紙)에 씌어 있었지만 후세에 와서 종교적인 저작물에 대해서만 양피지를 사용한 까닭에 아르키메데스의 원문이 지워지고 그 위에 다른 글이 실려 있어 그의 논문이 발견되지 못했던 것이다.

수학사의 중요한 단서가 되는 유클리드나 아르키메데스의 글을 수없이 편찬해 오던 독일의 하이델베르크가 간신히 남아 있는 아르키메데스의 필적을 찾아내게 된 것이다. 이렇게 하여 2,000년 이상이나 잠을 자고 있던 그의 '방법론'이 다시 사람들 앞에 선보이게 되었다.

그의 논문은 2가지 중요한 의문점을 던져주고 있다. 첫째는 그가 이론을 증명하기도 전에 어떻게 미리 해답을 예상했는가 하는 점이고, 둘째는 후일 미적분 발견의 실마리가 된 '조임법'에 대해 언급하고 있다는 점이다. 그럼 여기에서, 그로부터 2,000여 년이 지났지만, 에라토스테네스에게 공개한 아르키메데스의 '조임법'에 대해 다시 한 번 음미해 보기로 하자.

■ 천재 아르키메데스의 방법은 바로 여기에 있었다

시칠리아의 무한히 큰 소(牛)

아르키메데스가 친구 에라토스테네스에게 보낸 편지 중에 '거창한 답'이라고 전제하고 소에 대한 문제를 내놓았는데, "이 정도도 풀지 못하면 안 되며, 설사 푼다고 해도 결코 자랑거리가 못 된다"고 비아냥거렸다

"이 방법에 의한 고찰은 실질적으로 증명을 곁들이지 못하고 있습니다. 후일 기하학으로 증명하지 않으면 안 될 듯합니다. 그러나 이 방법에 의해 탐구하려고 하는 문제에 대해 약간의 지식을 갖고 있으며, 사전에 아무 지식도 없이 증거를 찾아내려고 하는 경우에 비해서는 훨씬 쉽게 증거를 찾아낼 수 있을 것입니다. …… 이 방법이 확립되기만 한다면 이 방법을 통해 제 자신이 지금까지 생각지도 못했던 다른 정리를 당대는 물론 후대의 사람들 중에서 발견해 내는 사람이 반드시 나타날 것이라고 생각합니다."

가장 간단한 '피타고라스 정리'의 증명법

'기하학에는 왕도가 없다.' 이 말은 유클리드가 이집트의 프톨레마이오스 왕에게 한 말이다. 그렇다고 해서 기하학에 대해 어렵게 설명할 필요는 없다. 알기 쉽게 조금이라도 직감적으로 이해가 가능하도록 증명해 보이는 것이 좋은 방법이다.

우리가 기하학에서 제일 먼저 접하게 되는 유명한 피타고라스의 정리를 공식 $a^2 + b^2 = c^2$으로 표현하여 증명해 보기로 하자.

다음 페이지 〈그림 1〉의 변 a와 변 b의 각각의 제곱을 더한 것을 〈그림 2〉와 같이 나타낼 수 있다. 빗변 c의 제곱은 〈그림 3〉에서 나타낸 것이라고 생각하면 된다. 즉 a^2+b^2이나 c^2은 각기 모두가 한 변이 (a+b)인 정사각형의 면적에서 2ab를 뺀 것과 같음을 알 수 있다. 따라서 피타고라스의 정리($a^2 + b^2 = c^2$)는 증명된 셈이다. 말로 설명하는 것은 꽤 까다롭지만 그림을 보면 쉽게 알 수 있다.

피타고라스의 정리 증명 방법 수

《기네스북 94》에 의하면 피타고라스의 정리에는 370가지의 증명법이 있다고 한다. 이 중에는 미국의 가필드 대통령에 의한 증명도 포함되어 있다.

■ 피타고라스 정리의 증명

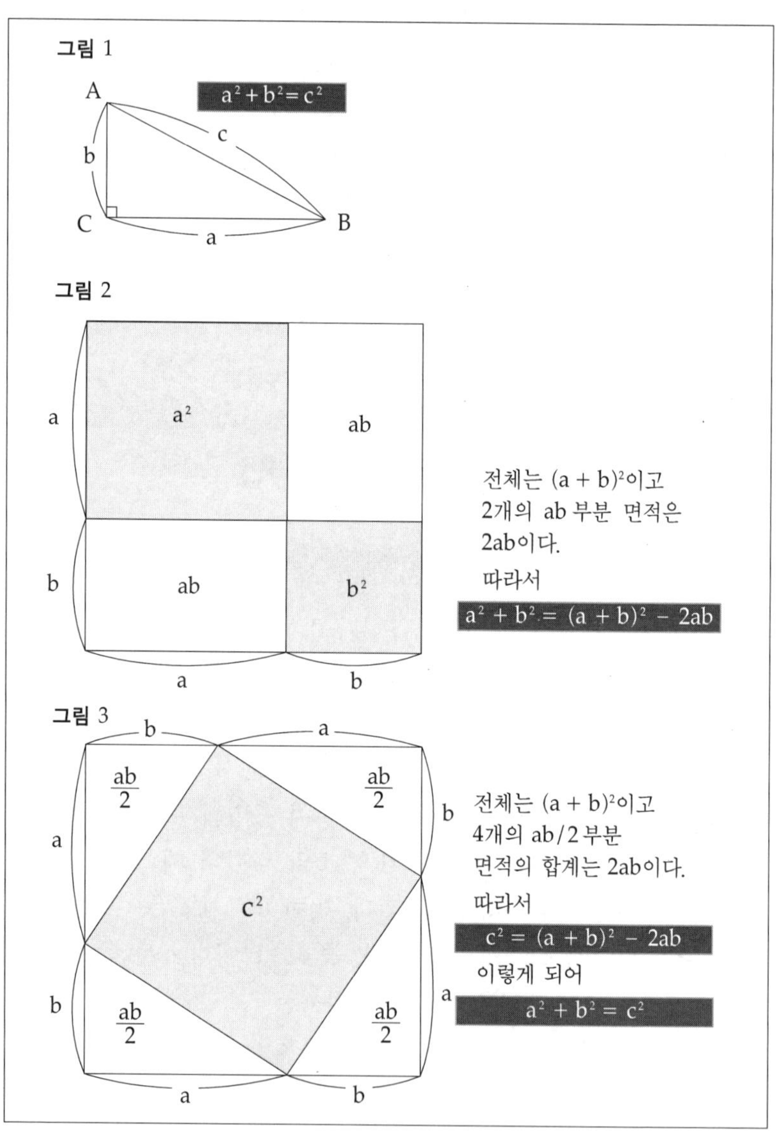

피타고라스 학파의 업적

삼각수, 사각수, 피타고라스의 정리, 삼각형의 내각의 합은 180도, 황금분할 등 여러 가지를 피타고라스 학파에서 발견했지만, '무리수의 발견'은 목숨을 걸고 숨기지 않으면 안 되었다.

아무 생각 없이 사용하고 있는 π의 계산방법

'피타고라스의 정리'처럼 π(원주율=3.14)에 대해서도 그것이 왜 3.14가 되는지, 그리고 어떻게 구했는지 알아둘 필요가 있다. 간단한 측정방법은 원통의 지름을 잰 다음 그 둘레를 줄자로 재어 '원둘레÷지름'으로 구하는 방법이다. 그러나 그 정확도는 다소 불안한 편이다. 옛날 《린드 파피루스》에는 π의 값이 $\left(\frac{16}{9}\right)^2$이라고 기록되어 있는데 그렇다면 π=3.16이 된다. 《구약 성서》에도 '원둘레의 길이는 지름의 약 3배'라고 기록되어 있다.

π를 구하는 방법으로 유명한 것은 역시 아르키메데스의 방법이다.

우선 원에 내접하는 정육각형과 원에 외접하는 정육각형을 그린다. 이렇게 하면 원둘레의 길이는 '내접하는 정육각형 변의 합보다 길며 외접하는 정육각형 변의 합보다 짧다'는 것을 알 수 있다. 원둘레의 길이는 그 사이에 있다. 그러므로 각각 정육각형에서 정12각형 → 정24각형 → 정48각형 → 정96각형 하는 식으로 발

■ 원통에서 π를 구한다

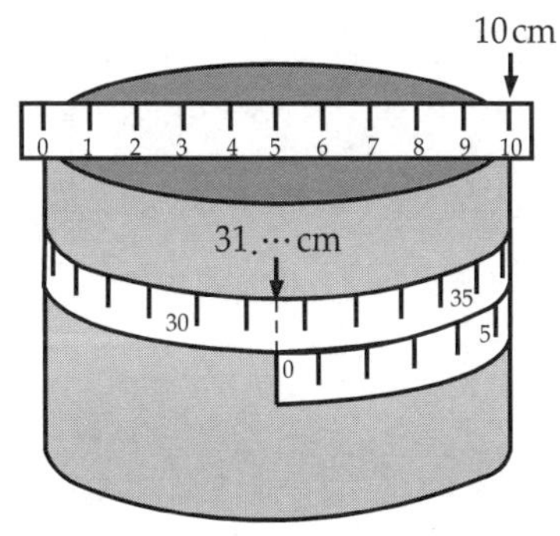

🔍 **루돌프의 수**

아르키메데스의 '내접 < 원둘레 < 외접'의 방법으로 π를 최대한까지 구한 사람이 독일의 루돌프(1540~1610)이다. 그의 묘에는 π의 값이 새겨져 있으며, π를 독일에서는 '루돌프의 수'라고도 한다.

■ 아르키메데스의 '조임법'으로 π를 구한다

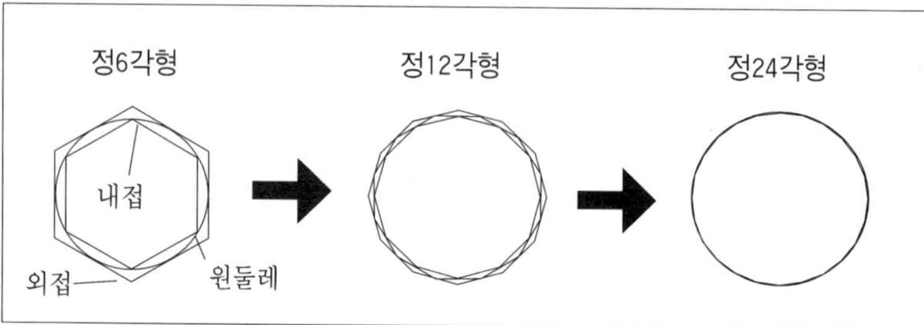

전시켜 나가면 점점 원둘레의 길이에 근접함을 알 수가 있다.

아르키메데스는 이렇게 하여 내접하는 정96각형 및 외접하는 정96각형의 길이에서 π의 값이 3.1408과 3.1428 사이에 있다는 점을 감안하여 π=3.14라고 정하였다. 이것이 아르키메데스의 '조임법'으로, 그 후의 학자들은 이 방법을 사용하여 π의 계산 경쟁에서 자신들의 이름을 내세우기 시작했다. 예를 들어, 인도의 바스카라(1100년경)는 3.1416(정384각형)을, 안소니준(1527~1607년)은 3.141592(정1536각형)까지 계산해 내기도 하였다. 그러나 역사상으로 남아 있는 것은 독일의 루돌프(1540~1610년)에 의한 것으로 소수 제35위(정2^{62}각형)까지 정확히 계산해 냈는데, 이 때문에 독일에서는 π를 '루돌프의 수'라고도 부른다.

그 후 미적분이나 컴퓨터의 등장에 의해 π를 구하는 방법도 달라져 지금은 최소한 10억 자릿수 이상까지 구할 수 있게 되었다.

성서의 'π'에는 소수부가 없다

수학과는 관계가 없다고 생각하기 쉬운 《성서》에도 π가 등장한다. 구체적으로 예를 든다면 《구약 성서》의 열왕기(列王記) 상

π는 3.14로 충분한가?

π를 여러 자리까지 구하는 것은 수학적으로 별 의미가 없다. 컴퓨터의 성능이나 프로그램의 알고리듬(algorithm)을 비교할 때 문제가 된다.

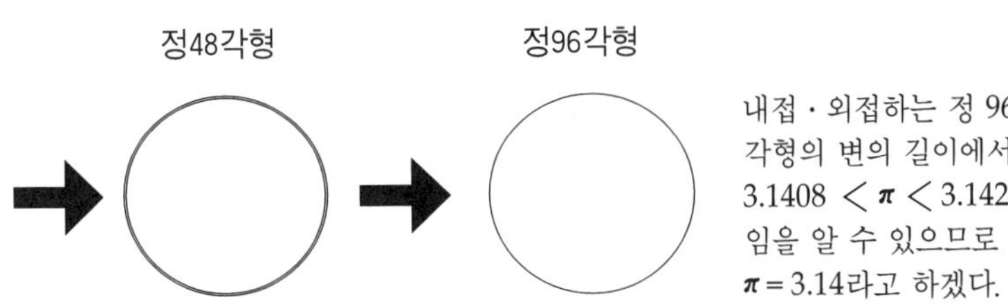

(上) 7장 23절에 "또 바다를 부어 만들었으니 그 지름이 10규빗이요 그 모양이 둥글며 그 높이는 5규빗이요 주위는 30규빗 줄을 두를 만하여……"라고 기록되어 있다.

《성서》에는 이 밖에도 역대(歷代) 하 4장 2절에서도 명확히 "지름이 10규빗이요 그 모양이 둥글며 그 높이는 5규빗이요 주위는 30규빗……"이라고 기록되어 있다. 즉 π를 3으로 다루고 있는 것이다. 원은 완벽한 것이므로 소수부가 있는 소수는 걸맞지 않다고 보았는지도 모른다.

■ 두꺼운 종이로 π를 구한다

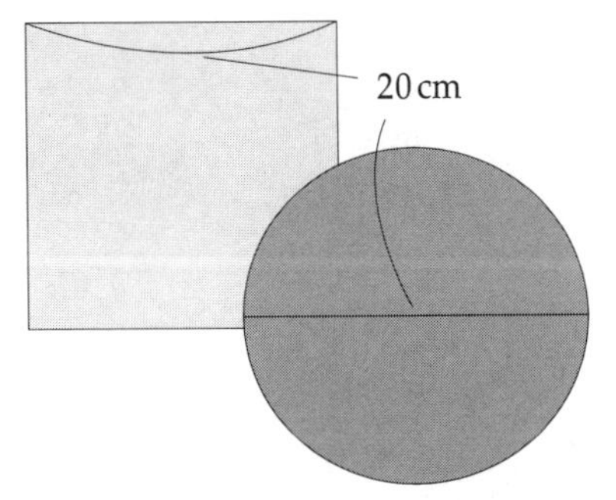

넓이는
정사각형 : 원
$= 20 \times 20 : 10 \times 10 \times \pi$
$= 400 : 100\pi = 4 : \pi$

무게를 재어 본 결과

정사각형	원
72 g	57 g

따라서
$4 : \pi = 72 : 57$
$\pi = (4 \times 57) \div 72 \fallingdotseq 3.167$

🔍 π를 구하는 공식

프랑스의 수학자 비에트는 삼각함수의 성질을 이용하여 π를 나타내는 공식을 다음과 같이 증명하였다.

$$\frac{2}{\pi} = \sqrt{\frac{1}{2}} \times \sqrt{\frac{1}{2} + \frac{1}{2}\sqrt{\frac{1}{2}}} \times \sqrt{\frac{1}{2} + \frac{1}{2}\sqrt{\frac{1}{2} + \frac{1}{2}\sqrt{\frac{1}{2}}}} \times \cdots\cdots$$

■ π의 계산 경쟁

발견자	시대	자릿수	
고대 이집트		2	(3.16)
아르키메데스	(BC 287~212)	3	(3.14)
조충지	(430~501)	8	
레오나르도 피사	(1175년생)	4	
뷔에터	(1540~1603)	11	
로마누스	(1561~1615)	16	
루돌프	(1540~1610)	36	
모우리	(1622)	2	(3.16)
세키	(1680년경)	13	
가마다	(1722)	25	
샨크스	(1874)	707	
리토와즈너	(1949)	2040	
게나이스	(1958)	10000	
길	(1959)	16167	
샨크스, 렌치	(1961)	10만 265	
길, 브에	(1973)	100만 1250	
미요시	(1981)	200만	
다무라	(1983)	1677만	
가네타	(1983)	1001만	
고스파	(1985)	1752만	
베이리	(1986)	2936만	
가네타	(1986)	6710만	
다무라	(1987)	1억 3421만	
츄도노스키 형제	(1989)	4억 8000만	
가네다	(1989)	5억 3687만	
츄도노스키 형제	(1989)	10억 1119만	
다무라	(1989)	10억 7374만	

π의 기묘한 수열

어느 학자의 실험 결과 π의 수열이 6이 10개나 연속하여 생기는 부분이 있다고 한다(6666666666). 이것은 10억분의 1의 확률이라고 할 수 있다.

원주율을 무게에서 산출한다?

π의 크기를 이번에는 '무게'에서 측정해 보자. 우선 두꺼운 종이를 잘라 한 변이 20cm가 되는 정사각형을 만들어 본다. 그러고 나서 컴퍼스를 사용하여 지름 20cm(반지름 10cm)의 원을 그린 다음 정확하게 가위로 오려 낸다. 실제 그대로 해 보면 앞의 그림과 같이 된다. 이것을 가지고 π를 비로 구하면 3.167이 된다.

디오판토스의 묘비에 새겨진 수수께끼

디오판토스(300년경)는 이색적인 그리스의 수학자이다. 그리스 수학으로는 일반적으로 '기하학'이 인정되고 있었는데도 그만이 '대수(代數)' 연구에 도전하였다. 그의 주된 저서인 《수론》 전권 중 6권이 현존하고 있으며, 거기에는 이미 대수학, 특히 2개 이상의 미지수를 포함하는 방정식의 해법에 내내 기록이고 있다. 다만 무리수(√의 수)로 된 해를 인정하지 않은 것은 피타고라스 학파와 똑같았다. 그런데 디오판토스의 이름은 대수학에 대한 공적보

■ 디오판토스의 묘비명

디오판토스는 그의 일생의 $\frac{1}{6}$을 소년, $\frac{1}{12}$을 청년, 그 후 $\frac{1}{7}$을 독신으로 보냈다. 결혼하여 5년 후에 아기가 태어났으며 그 아이는 디오판토스보다 4년 먼저 세상을 떠났다. 즉, 아버지 수명의 절반밖에 살지 못했다.
그렇다면 디오판토스는 몇 살까지 살았을까?

여백이 너무 좁았다

프랑스의 수학자 페르마는 책에 아이디어를 써 두는 습관이 있었다. 《페르마의 대정리》에 관한 이야기 중에서 "여백이 너무 좁아 증명할 수 없다"라고 적혀 있는 책이 바로 디오판토스의 《수론》이다.

Diophantous

소년시절 1/6	청년시절 1/12	독신시절 1/7	5년	디오판토스 아들의 생존기간 1/2	4년

알고 있는 사실을 도표로 작성해 보자, 우선 디오판토스의 일생을 위의 그림처럼 '1(전체)'이라고 했을 때, '소년시절은 $\frac{1}{6}$', '청년시절은 $\frac{1}{12}$', '독신시절은 $\frac{1}{7}$'이다. 결혼 후는 연수로 씌어 있으므로 일단 결혼 전에서 단락을 지으면 다음과 같다.

$$\frac{1}{6} + \frac{1}{12} + \frac{1}{7} = \frac{2}{12} + \frac{1}{12} + \frac{1}{7} = \frac{1}{4} + \frac{1}{7} = \frac{7}{28} + \frac{4}{28} = \frac{11}{28}$$

결혼 후에는 '5년 후에' 아이가 태어났으며 '아이는 디오판토스의 $\frac{1}{2}$' 나이로서 '4년 전에 사망'했다

즉, 결혼 후의 인생($\frac{17}{28}$)에서 아들의 생존기간(디오판토스의 $\frac{1}{2}$)을 뺀 나머지 '$\frac{3}{28}$'이 9년(5년+4년)에 해당하므로 $\frac{1}{28}$은 3년이 된다.

$$1 - \frac{11}{28} = \frac{17}{28} \rightarrow \frac{17}{28} - \frac{1}{2} = \frac{17}{28} - \frac{14}{28} = \frac{3}{28}$$

3년×28 = **84년**(세)가 된다.

따라서 디오판토스는 참으로 오래 살았다는 것을 알 수 있다.

디오판토스의 방정식

대수의 아버지 디오판토스는 기호에 의하여 자신의 생각을 체계적으로 집약했다고도 알려져 있다. 그는 디오판토스 방정식이라고 불리는 부정(不定) 방정식을 사용하였다.

다도 그의 묘비에 새겨져 있는 수수께끼 같은 문제로 인해 더 유
명해졌다.

디오판토스의 일생을 문제시하고 있으므로 그의 일생을 '1'로
하여 순서에 따라 생각해 보면 무엇인가 실마리가 잡힐 듯하다.
그는 300년경에 살고 있었다는 것 외에는 아무것도 알려져 있지
않은데, 이처럼 사망한 연령이 매우 자세히 알려지고 있다는 것은
참으로 신기한 일이라고 하겠다.

영원한 베스트셀러 《기하학원론》

베스트셀러와 수학서적은 전혀 인연이 없는 것처럼 여겨지지만
유클리드의 《기하학원론》은 활판인쇄술이 발명된 이래 1,000개 이
상의 판이 있다고 할 정도로 놀라운 베스트셀러가 되어 있다.

특히 《기하학원론》은 탈레스나 피타고라스 이후의 기하학 연구
서로서 지금도 기하학을 배우는 학생들의 교과서가 되고 있다.

더욱더 뜻밖의 일은 《기하학 원론》이 수학의 연구서라기보다는,
지금까지의 수학을 집대성하는 것을 목적으로 삼고 있으며, 이 때
문에 학생용 교과서가 되었다는 점이다.

그리고 너무도 유명한 것이 제5공리(평행선의 공리)인데, 이것
을 둘러싸고 비유클리드 기하학의 세계가 전개되었다.

유클리드는 과연 존재하였는가

'분명한 것'처럼 어처구니 없는 일은 없다. 그 분명한 것을 전혀
의심하지 않고 확인하지 않았기 때문에 오히려 함정에 빠지는 일
이 생긴다.

유클리드 2세가 아닐까?

20세기의 프랑스 수학 집단인 '부르바키'는 유클리드는 실존한 개인이 아니라 프랑스를 중심으로 한
젊은 수학자 집단이 펜네임을 붙여 《기하학원론》을 저술한 것이 아닌가 하는 의심을 제기하고 있다.

그 가운데 하나가 '유클리드의 존재설' 이다. 프톨레마이오스 왕에게 '기하학에는 왕도가 없다' 고 말한 유클리드는 자신의 초상화까지 남기고 있다. 그런데 그의 초상화는 그 후 오랜 세월이 흘러 르네상스기의 이탈리아 화가 라파엘로에 의해 그려진 상상의 그림이다. 또한 그의 대표작이라고 할 수 있는 《기하학원론》은 전부 13권으로 수학을 집대성한 것이기 때문에 공동작업에 의해 저술된 책으로 추측되고 있기도 하다.

소위 왕에게까지 수학을 가르쳤다면 적어도 그의 출생이나 사망에 관해서 확실한 근거가 있어야 하지 않을까 생각해 본다.

4

수를 잘 다루는 것이
수학통이 되는 지름길

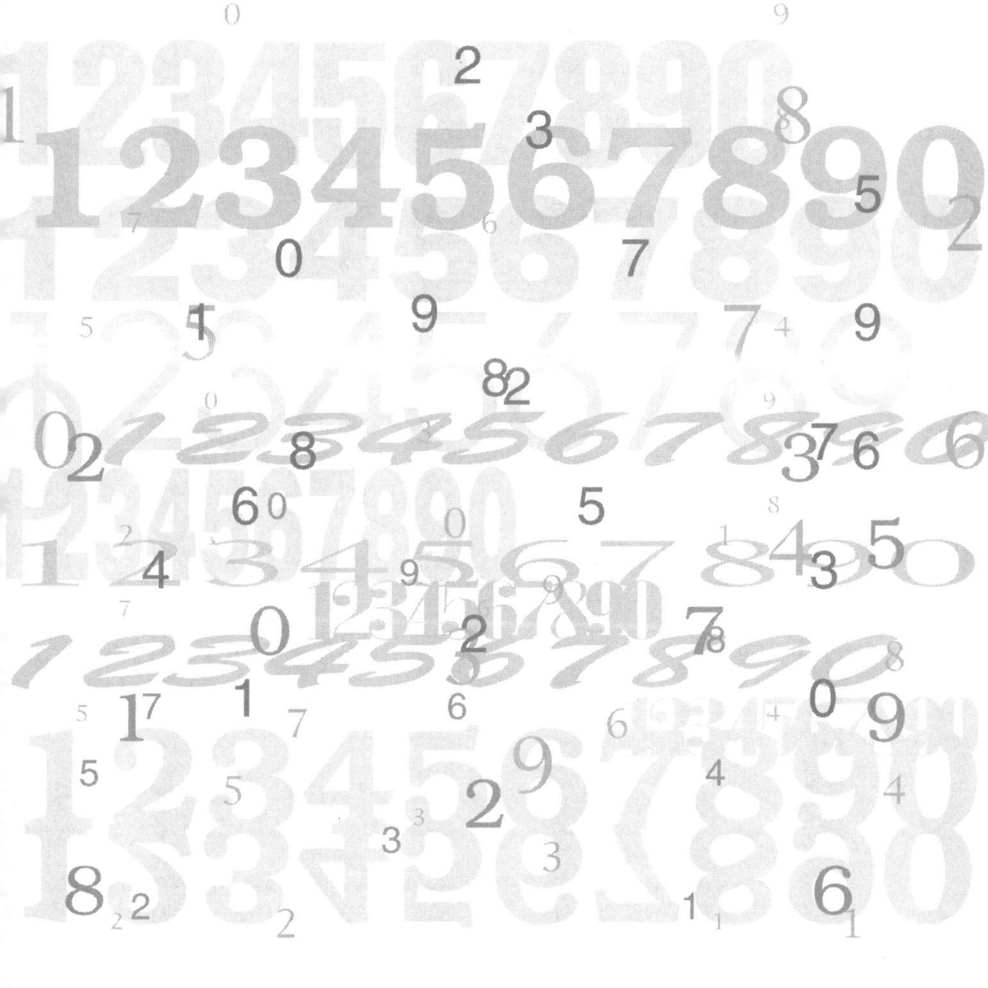

＝(등호)은 왜 '같은 것'으로 간주하는가

'＝' 기호는 본래 아래 그림과 같은 평행선에서 비롯되었다. 평행선은 계속 간다 하더라도 서로의 거리가 변함없이 대등하게 유지된다고 해서 '＝'이라는 기호가 생겨난 것이다.

학창시절 수학 선생님이 칠판에 평행선을 그어놓고 이 선은 절대로 교차하지 않는다고 말씀하실 때마다 우리들은 굴곡지게 그려진 평행선을 빗대어 '평행선은 반드시 교차한다'고 주장하였다. 그러면 그 선생님은 영문도 모르고 화를 내시곤 하였는데, 그 모습을 생각하며 지금도 쓴웃음을 지을 때가 있다.

■ 선로(평행선)는 교차하는가?

＋(플러스)에도 쓰는 순서가 있다

'＋' 기호는 '○○과 ××'라는 '과'의 뜻을 가지고 있는데, 16세기경 네덜란드의 폰 딜 홋케가 영어의 and에 해당하는 라틴어 'et'에서 변형시킨 것이다. 따라서 쓰는 순서는 세로로 내려긋고 가로로 선을 긋는다.

🔍 신사의 고집

미적분의 창시자에 대한 싸움으로 영국에서는 라이프니츠(독일)의 편리한 기호를 사용하지 않고 뉴턴(영국)의 도트 기법을 채택하고 있다. 이것이 결과적으로 영국의 수학을 오랜 세월 정체시켰다.

■ '+'와 '−'의 유래

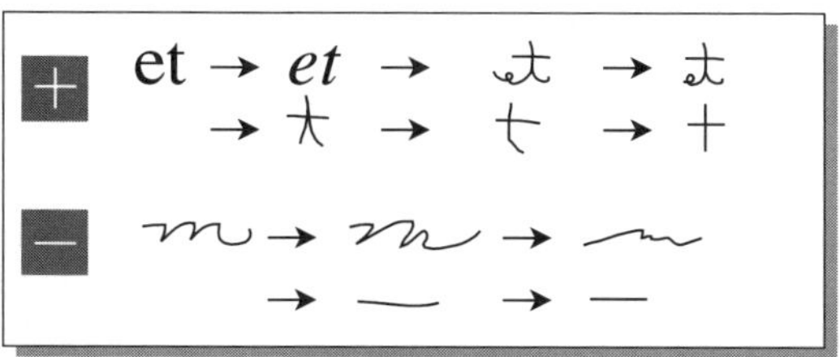

'−(마이너스)' 기호는 '모자란다'는 의미를 가진 라틴어의 'minus'의 'm'을 변형시켰다는 설과 천칭봉(天秤棒)에서 유래되었다는 설 등이 있다.

÷ 기호는 세계적으로 통용되지 않는다

÷ 기호는 그 모양을 보더라도 '나눈다'는 의미가 분명하게 나타난다. 예를 들어 분수 $\frac{2}{3}$의 2와 3을 '·'으로 표시하면 '÷' 모양의 나누기 기호가 만들어진다.

또한 비율을 나타내는 : 의 사이에 −를 넣었다는 말도 있는데, 독일의 란이라는 수학자가 16세기경 처음으로 이 기호를 사용했다고 한다.

■ ÷의 유래

÷는 소수파?

'나눈다'의 기호로서 ':'을 사용하는 나라는 프랑스, 독일, 이탈리아 등 유럽 여러 나라들이다. 우리 나라에서도 초등학교의 셈에서는 '÷'를 사용하고 있지만 중학교 이상에서는 분수 형태로 표시하는 경우가 많다.

그러나 ÷ 기호를 사용하는 나라는 우리 나라, 일본, 미국, 영국 정도에 불과하며, 다른 많은 나라에서는 분수 또는 : 기호를 사용하고 있다.

소수점을 콤마로 나타낸다?

놀랍게도 소수점의 기호 사용 또한 세계 모든 나라가 공통으로 사용하지 않는다.

처음 이에 대한 개념을 생각해 낸 사람이 네덜란드의 시몬 스테빈이라고 전해져 오는데, 우리 나라에서 사용하는 소수점은 영국의 존 워리스에 의해 비롯되었다고 한다.

그리고 각 나라에 따라 ‘,(콤마)’나 ‘.’ 등을 사용하고 있는 실정이다.

■ 스테빈에 의한 소수점의 표기법

스테빈이 생각한 소수

5 ⓪ 2 ① 6 ② 7 ③

$$5 + \frac{2}{10} + \frac{6}{10^2} + \frac{7}{10^3}$$

한국, 일본, 미국의 소수

5. 267

영국의 소수

가운뎃점으로 나타냄　5·267

프랑스, 독일의 소수

콤마로 나타냄　　　5, 267

올림의 처리는 주의해야 한다

산수 공부를 하는 어린이들이 의외로 애를 먹는 문제가 있다. 그 하나가 '올림의 처리'이다.

수를 처리하는 데에는 반올림, 올림, 버림의 3가지 종류가 있는데, 아래 그림을 통해 알아보자. '정수값'까지 계산한다면 (1)이나 (2)는 간단히 답을 낼 수 있다. (1)의 경우, 소수 첫째자리 이하를 싹둑 잘라내면 답은 9가 된다. (2)의 경우, 수에서 소수 첫째자리가 6이기 때문에 반올림하면 답은 10이 된다. (3)∼(4)의 올림의 경우는 조금도 주저할 것 없이 소수 첫째자리를 한 계단 올려 각기 그 답을 10으로 만들면 된다. 왜냐하면 구하고자 하는 수에서 소수부는 버리고 구할 자리에 1을 더해 주기 때문이다. 그러나 (5)의 경우는 좀 헷갈린다. 그것은 소수 첫째자리가 '0'이고, 소수 넷째자리에서 겨우 '2'가 출현하기 때문에 그것을 정수 1로 끌어 올린다는 것은 좀 얌체같이 느껴지기 때문이다. 그러나 수학에서

■ 올림은 생각보다 어렵다

> ■ 다음 수를 각 지시에 따라 정수로 대답하라.
> (1) 9.9981 → 버림
> (2) 9.6306 → 반올림
>
>   답) (1)번은 9, (2)번은 10
>
> ■ 다음 수를 올림 처리하여 정수로 대답하라.
> (3) 9.6002 →   ?
> (4) 9.4002 →   ?
> (5) 9.0002 →   ?

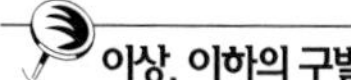 이상, 이하의 구별

'이상'과 '이하'는 수학의 경우 그 수까지도 포함한다는 뜻이다. 그러나 일상생활에서는 "만 원으로는 안 된다. 그 이상이 필요하다"고 했을 때 그 '만 원'은 포함되지 않는다.

는 소수 몇째 자리에 있든 0이 아닌 숫자가 표시되어 있으면 그
것을 1로 간주하여 끌어올린다.

하나의 예를 더 들어보자. 일행이 모두 9명인데 4사람이 탈 수
있는 택시가 있다면 당연히 택시 2대로는 부족하므로 결국 3대가
필요하다. 이와 마찬가지로 '올림'이라는 개념은 조금이라도 소수
부가 있으면 무조건 '1'을 더해준다는 사고방식이다. 곰곰이 생
각해 보면 (1)의 경우 매정하게도 소수점 이하 9981을 잘라 버렸
기 때문에 다소 미안한 생각이 들지도 모른다.

콤마는 네 자릿수가 되면 반드시 찍는다

수를 다루는 상식의 하나로 네 자리 이상의 수가 되면 세 자리
마다 콤마를 찍어 식별하기 쉽도록 한다. 과거 우리 나라에는 이
같은 규칙이 없었지만 서양의 표기법이 들어오면서 이러한 관습
을 받아들이게 되었다. 그러나 지금도 네 자릿수의 경우는 콤마를
찍을 필요가 없다고 주장하는 측도 있다.

■ 네 자릿수 이상이라도…

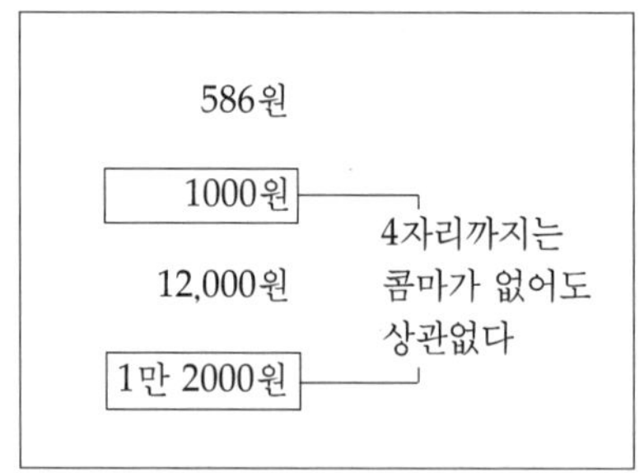

세 자리를 훌륭하게 처리하는 법칙
세 자리마다 콤마로 구분해 갈 경우. '1,000 →100만→10억→조→…' 하는 식이 된다. 그러므로
세 자리마다 한 단위를 늘려 제로(0)를 하나씩 줄여가면 된다.

원그래프를 그릴 때 합계가 100%가 되지 않을 때에는…

각 회사의 배분을 계산하였더니 합계가 99%로 1% 때문에 원그래프를 그릴 수가 없다. 이때 E사에 1%를 더한다면 E사의 배분은 1%에서 2%로 껑충 뛰어올라 오차가 너무 커지므로, 오차의 폭을 줄이기 위해 배분율이 가장 높은 A사에 나머지 1%를 주면 변동폭을 가장 작게 줄일 수 있다.

■ 99%? 나머지 1%는?

회사명	매출액	배분
A사	58억 원	67%
B사	17억 원	20%
C사	7억 원	8%
D사	3억 원	3%
E사	1억 원	1%
	86억 원	99%

나머지 1%를
A사에 보탤 것인가,
E사에 보탤 것인가,
그것이 문제로다

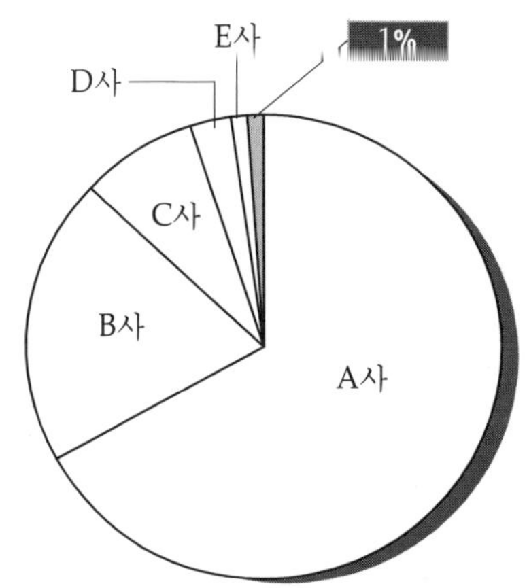

'만×만=억'을 기억해 두면 계산하기가 쉽다

큰 수의 계산은 귀찮지만 간단한 요령만 터득하고 있으면 아주 쉽게 풀 수 있다.

아래 문제의 경우 처음에 90을 6으로 나누고(=15) 거기에 단위 '억'을 덧붙여 15억으로 만들면 된다. 그런데 6이 아니고 6만일 경우, 수의 단위를 하나 빼 '억→만'으로 하면 된다. 반대로 곱셈으로 90만×6만의 경우는 수의 단위 하나를 붙여 '만→억'으로 계산을 하면 540억이 된다.

'만→억→조→경→…'을 '1→2→3→4→…'에 대응시켜 '만×억'의 곱셈이라면 '1+2'로 단위 '조(3)'를 붙이면 쉽다.

■ '만×만=억', '억÷만=만'은 기본형

예 제

$$90억 \div 6 = \qquad 90만 \times 6 =$$
$$90억 \div 6만 = \qquad 90만 \times 6만 =$$

① 만	① 만	만	①	조÷억 = ③ − ② = ① = 만
② 억	② 억	억	②	만×만 = ① + ① = ② = 억
③ 조	③ 조	조	③	만×억 = ① + ② = ③ = 조
④ 경	④ 경	경	④	※ 한글 수의 단위는 곱셈에서는 덧셈, 나눗셈에서는 뺄셈을 하면 된다.
…	…	…		

지수와 신장률에서는 표기가 다르다

사업에서 '대(對) 전년 동월비'라든가 '대 전월비' 등을 비교하기 위해 계산하는 일이 종종 있다. 이때 지수로서 103.6이라는 표기법을 사용하거나 3.6% 증가라고 하는 경우가 있다. 이는 전회를 100으로 할 경우와 신장률(3.6%)로 볼 때의 차이이다.

만일 전회 100만 원의 매출에 대해 이번 것이 96.3만 원이었다면 지수는 96.3, 신장률은 마이너스이므로 ▲3.7이 되는 것이다. 즉, 전회에 비해 2배가 되었을 경우 지수로서는 200, 신장률에서는 100이 되는 차이가 있다. 또 지수에서는 ▲가 되는 일은 없다.

특히 이익이 적자가 되었을 경우는 그 다음 해에 흑자가 되더라도 지수나 신장률은 계산할 수가 없다.

■ 대 전년 도산건수 비교

	92년	93년	대 전년 동월비	대 전년 동월 신장률
6월	901건	1171건	130.0	30.0
7월	875	1213	138.6	38.6
8월	895	1154	128.9	28.9
9월	846	1145	135.3	35.3
10월	1070	1294	120.9	20.9
11월	1110	1328	119.6	19.6
12월	1204	1454	120.8	20.8
1월	949	960	101.2	1.2
2월	1056	1113	105.4	5.4
3월	1134	1340	118.2	18.2
4월	1111	1154	103.9	3.9
5월	1158	1113	96.1	▲3.9

산가지 '붉은 것'이 나타내는 것은?

옛날 중국이나 우리 나라에서 사용된 산가지에도 '검은 것'과 '붉은 것'이 있었는데, 이것은 양수와 음수를 나타냈다. 그러나 지금과는 반대로 검은 것은 음수, 붉은 것은 양수를 의미했다.

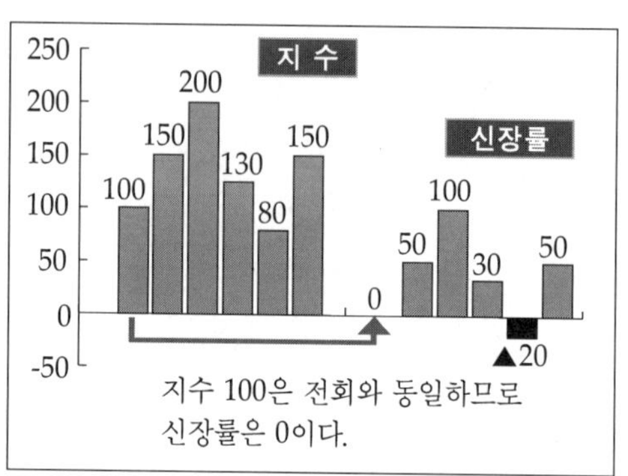

복수 응답의 경우 왜 원그래프를 사용하면 안 되는가

그래프로 작성할 때 자칫 잘못하기 쉬운 것이 복수 응답에 대한 설문처리 방법이다. 복수 응답이란 한 사람의 응답자가 2개 이상의 선택사항에 대답하는 것을 말한다.

■ 좋아하는 스포츠는?

	응답건수	÷응답자수	÷응답건수
테니스	41건	51.3%	20.5%
스쿠버	11건	13.8%	5.5%
야구	64건	80%	32.0%
댄스	7건	8.8%	3.5%
럭비	34건	42.5%	17.0%
축구	43건	53.8%	21.5%
총수	200건	250.2%	100.0%

응답자수 : 80명

소리 없는 소리는 안 된다
'미기입' 또는 '무응답' 을 제외하고 비율을 낼 경우 실제와 동떨어진 집계가 나오므로 의견이 양분될 경우 특히 '무응답' 취급에 주의를 기울여야 한다.

■ 복수 응답은 막대그래프로 그리는 것이 철칙

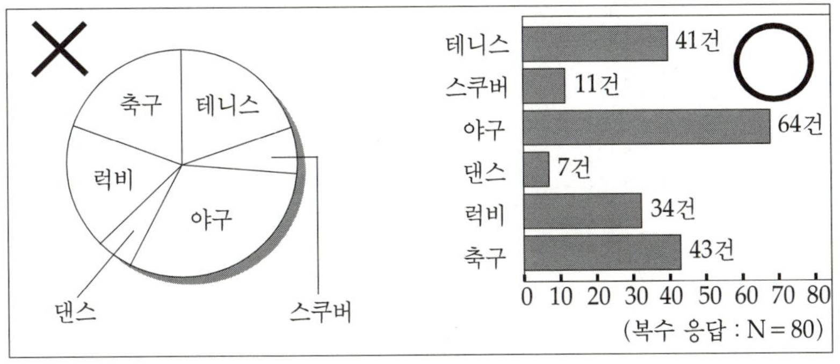

그러면 위의 질문에 대한 집계를 가정해서 알아보자.

여기에서 응답자 수는 80명이지만 응답건수를 200으로 나누어 총계는 100%가 되므로 원그래프를 작성할 수는 있다. 그러나 질문 선택지에 한 군데 표시를 한 사람이나 5군데 표시를 한 사람의 응답도 똑같은 비중으로 집계되어 실질적인 집계라고는 할 수 없다. 그러므로 이와 같은 경우에는 '응답자수'로 나눈 비율(혹은 실건수)을 '막대그래프'로 나타내야 한다. 특히 별도로 복수 응답이라고 표기하고 그 숫자도 아울러 기록해 둘 필요가 있다.

왜 평균은 중간이 아닌가

해마다 정부에서 발표하는 평균 저축액을 볼 때마다 자기집의 저축액이 낮음에 실망하기도 하고, 모두가 정말 그렇게 저축을 하고 있는지 의아심도 갖게 된다.

$$\text{상가평균} = \frac{a+b}{2} \quad \text{상승평균} = \frac{\sqrt{a \times b}}{2} \quad \text{조화평균} = \frac{2}{\frac{1}{a} + \frac{1}{b}}$$

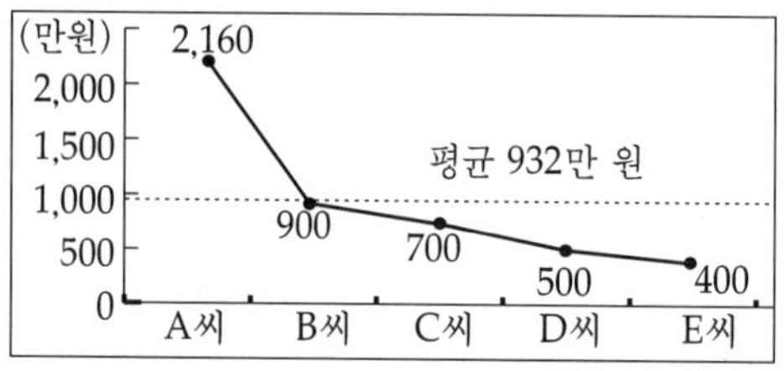

■ 평균점 이상 10명 중 8위?

A	B	C	D	E	F	G	H	I	J	평균
75	70	62	60	58	56	54	51	10	8	50.4

그러나 평균값은 결코 '중간'을 지칭하는 것이 아니다. 그래프를 보면 연간 수입이 700만 원으로서 '거의 중간' 정도는 된다고 생각하는 C씨는 평균액 932만 원보다 훨씬 낮으며, 연간 수입 900만 원의 B씨마저 평균값에 미치지 못하고 있다.

그 이유는 소득이 가장 높은 A씨 한 사람이 평균값을 올려놓았기 때문인데, 일반적으로 평균값은 큰 수치에 끌려다니는 경향이 있다.

그러나 모두 이와 같은 것은 아니다. 예를 들면 어려운 시험에서는 반대현상이 일어난다. 위의 표에서는 H학생이 51점을 얻었는데 평균점이 50.4점이므로 '평균점 이상'의 성적이다. 그렇지만 실제로는 '10명 중 8위'에 해당된다. 이처럼 평균값은 있는 그대로의 상태를 반드시 정확하게 반영하는 것은 아니다. 하지만, 전체의 분포가 정규분포라는 다음 그림과 같은 깨끗한 산 모양을 이루면 평균값이 '한가운데'가 된다.

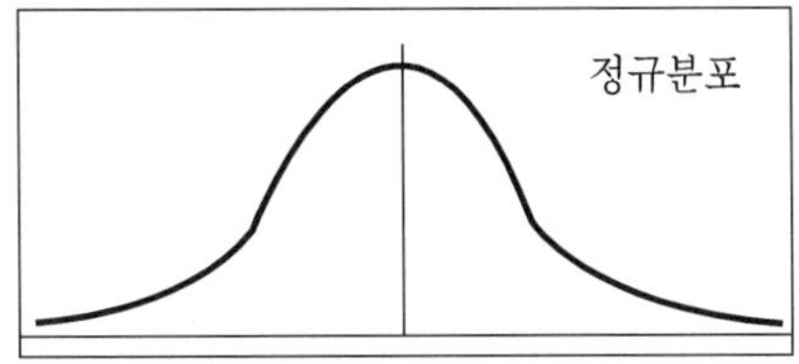

평균값보다 중앙값을 사용하라

그렇다면 큰 수값에 영향을 받는 평균값보다는 실제에 가까운 값을 찾을 수 있는 중앙값(메디안)을 사용하면 어떨까?

그림은 어느 회사 세일즈맨의 성적이다.

톱 세일즈맨인 박 씨로 인해 평균값은 106이라는 높은 수치를 나타내고 있지만, 중앙값(=60)으로 관찰해 보면 평균값과는 다른 면을 볼 수 있다.

■ 중앙값과 평균값의 계산은 이렇게 다르다

■ 중앙값을 내는 법

짝 수	홀 수
10	10
20	20
30	30
40	40
50	50
60	60
70	70
80	80
90	90
100	
55	50

프로그램의 커맨드

표 계산 프로그램인 엑셀에서는 중앙값은 MEDIAN, 평균값은 AVERAGE, 최대값은 MAX, 최소값은 MIN, 그리고 표준편차는 STDEVP로 구한다. 다른 표 계산 프로그램도 똑같다.

그런데 중앙값은 평균값처럼 특별히 계산할 필요가 없다.

5개의 수가 있을 경우 크기 순으로 나열하여 위에서(또는 밑에서) 3번째가 중앙값이 된다. 그러나 6사람과 같이 짝수의 경우, 3번째와 4번째의 수를 더하고 2로 나눈다.

또 상위와 하위 10% 정도를 제외한 중앙값으로 평균값을 내는 것도 흔히 행해지는 방법이다.

다루어야 할 수가 많을 때에는 PC의 표 계산 프로그램 등을 이용하면 작업을 보다 쉽게 할 수가 있다.

매수를 셀 때에도 지혜로운 방법을 이용한다

원고용지 300매 가량을 급히 세려고 할 때 우선 100장을 센 다음 그것을 책상 위에 놓고, 그것과 같은 높이의 원고지를 쌓는 방법을 이용하면 일일이 세지 않아도 거의 틀림이 없다.

외국에서는 국회의원이 안건을 투표할 때에도 이와 비슷한 방법을 사용하고 있다. 즉 찬성자는 흰 판지, 반대자는 푸른 판지를 들고 의장석 앞에까지 나와 눈금이 표시된 상자 속에 차곡차곡 쌓아올린다. 의원 수가 수백 명이 되는 경우는 검표하는 데에도 많은 시간이 걸리기 때문에, 이렇게 하면 눈금을 보고 즉시 간단하게 집계할 수 있다.

쌓이는 투표판의 두께로 찬반표의 수를 알아내는 것이다.

왜 제야의 종은 108번 치는가?

섣달 그믐날 밤, 절간에서 자정에 울려퍼지는 제야(除夜)의 종소리는 정확하게 108번 울린다. 이것은 불교에서 말하는 인간의

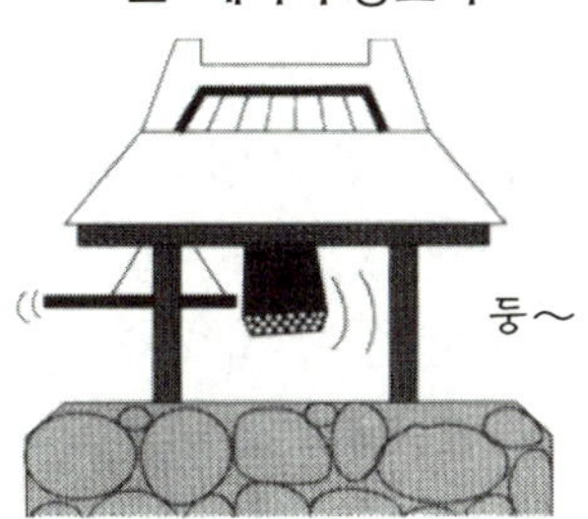

번뇌의 수를 나타낸 것이다. 그러나 왜 108인가에 대해서는 모르고 있는 사람이 많을 것이다. 이에 대해서는 여러 가지 설이 있다.

그 중 하나가 1년은 12개월 24절기에 72기후가 있는데, 이것을 모두 합치면 108이라는 숫자가 된다는 것에서 나왔다는 설이고, 또 다른 이야기로는 '6근(根), 다시 말해 눈, 코, 귀, 입, 몸, 생각에 각각 고(苦), 낙(樂), 불고불락(不苦不樂)의 셋을 곱하여 18가지가 되고, 다시 이것을 탐(貪), 무탐(無貪)의 둘로 나누어 36가지가 되며, 거기에 과거, 현재, 미래의 세 가지 경우를 생각하여(6×3×2×3＝108) 108이 된다'는 설이다.

이런 설명을 기억해야 한다면 차라리 번뇌에 시달리는 것이 낫지 않을까?

매스매티카로 수학에 접근한다

매스매티카(Mathematica)라는 수학 전문 프로그램이 있다. 이것을 활용하여 평생임금을 계산해 보기로 하자.

사원의 연간 수입변화를 연령단위로 계산해 가면 연수 그래프

매스매티카
이 프로그램을 사용하면, $y=x^2$이나 $y=e^x$의 곡선을 정확히 그려준다.

를 그릴 수 있다. 누구나 관심을 가지는 문제인만큼 어떤 식으로 계산할 것인가를 알게 되면 자신이 평생 동안 받게 될 임금도 계산해 낼 수가 있다. 뿐만 아니라 기업의 인사 담당자가 사원을 채용할 때 '30세가 되면 연간 수입이 400만 원이 되며, 35세가 되면 450만 원이 된다'는 식으로 즉석에서 말할 수도 있다. 그렇다면 이 그래프를 가지고 어떤 계산방식을 찾아낼 수 있을까? 이것은 그렇게 쉬운 일이 아니다.

이런 경우 매스매티카가 필요한데, 우선 연수와 연령이 아래의 도표에 나타난 것이라고 하자. 이 도표를 가지고 메스매티카에 있는 Listplot라는 명령에 의해 그래프를 그릴 수가 있다. 이 근사식(近似式)을 다음과 같은 일반적인 삼차식으로 한다.

$$y = ax^3 + bx^2 + cx + d$$

여기에서 a, b, c, d를 정해주는 것이 fit라는 함수인데, 이것을 바탕으로 그래프를 그리면 훌륭하게 시뮬레이션해 준다. 인구, GNP의 신장, 탄산 가스나 프레온 가스의 배출량 변화 등도 예측이 가능하다.

■ 연간 수입을 구성하여 대략적인 그래프를 만든다

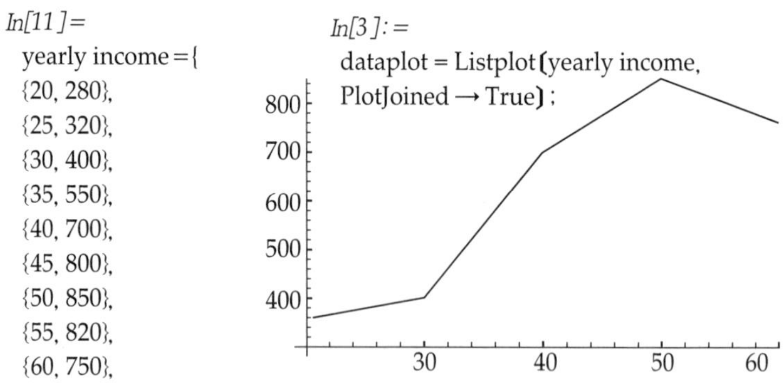

매스매티카가 사용할 수 있는 OS

매스매티카는 매킨토시, Next, Windows, UNIX 등의 각종 OS에서 사용되는 수학 프로그램이다. 위의 그래프는 매스매티카와 일러스트레이터로 작성된 것이다.

■ Fit Function으로 3차식을 푼다

In[3] =
    fitFunction = Fit[yearly income, {1, x, x^2, x^3}, x]
Out[3] =
    $1139.83 - 102.108\,x + 3.61804\,x^2 - 0.0338047\,x^3$

■ 도출된 식을 그래프로 그리면

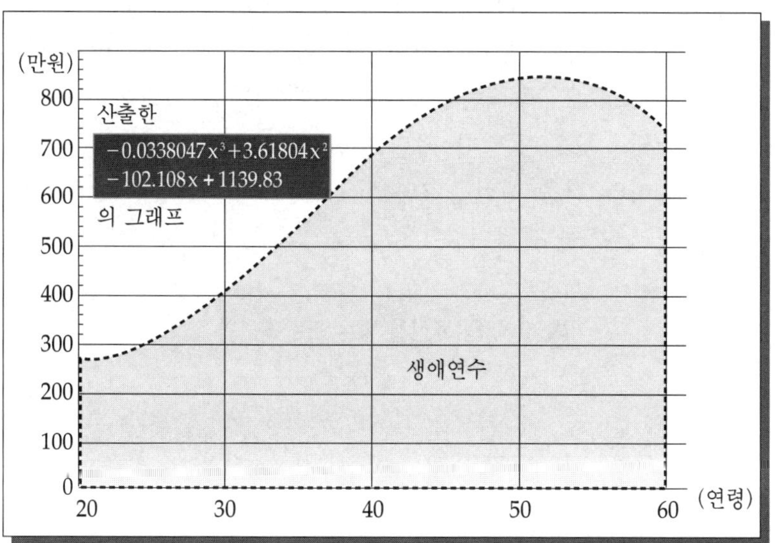

손가락만으로도 구구단이 가능하다

우리는 초등학교 산수 시간에 '삼삼은 구(9)' '삼사 십이(12)'
'삼오 십오(15)' 하며 리듬을 타듯이 자연스럽게 구구단을 외웠다.
양손을 이용한 재미있는 계산법을 해보자. 먼저 양손을 자신을 향

해 펴고, '9×5'의 셈을 해보자. 우선 9는 무시하고 5에 주목하여 왼쪽 엄지손가락에서 5번째의 새끼손가락을 구부린다. 이렇게 되면 구부린 손가락의 왼쪽에는 4개의 손가락이 펴지며, 오른쪽 손의 손가락 5개는 펴져 있다. 따라서 왼쪽이 10의 자릿수, 오른쪽이 1의 자릿수라고 생각하면 해답은 '45'가 된다.

이번에는 '9×7'을 계산해 보자. 먼저와 마찬가지로 우선 9를 무시하고 7에 주목한다. 왼쪽 엄지손가락에서 7번째인 오른쪽의 넷째 손가락을 구부린다. 그러면 구부린 손가락의 왼쪽에는 6개(10의 자릿수), 오른쪽에는 3개(1의 자릿수)의 손가락이 펴져 있으므로 해답은 '63'이 된다. 정말 간단하지 않은가?

그러나 이와 같은 계산은 9의 한 자릿수끼리의 곱셈밖에는 할 수 없다는 것이 큰 단점이다.

■ 9×5의 계산을 양손으로 해보면

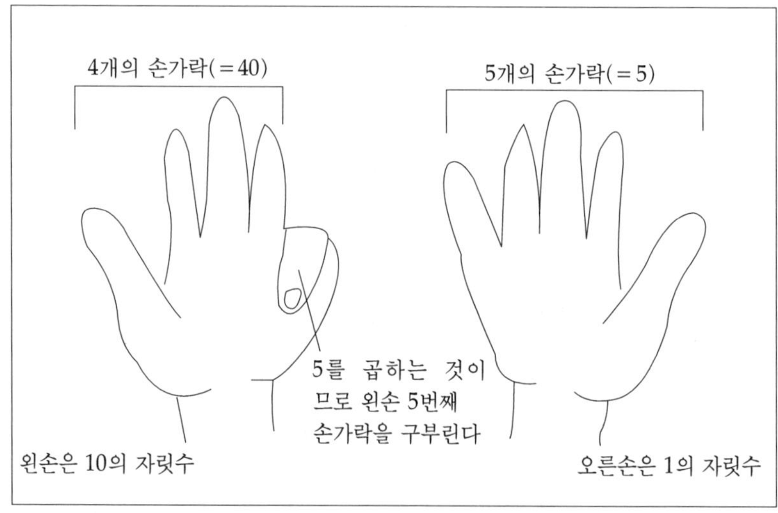

러시아 농민의 곱셈

363×12를 계산할 때 그림처럼 363을 2배로 하여 12를 2로 나누어 간다. 1이 나온 난의 것을 합계하면 그것이 해답이다.

	363×12···	363	12
		726	6
		1452	✓ 3
4356 ←		2904	✓ 1

프랑스식 계산법으로 5보다 큰 곱셈을

앞의 방법으로는 9의 곱셈(그것도 한 자릿수끼리)밖에 할 수 없으므로 이번에는 프랑스식 계산법으로 해보기로 한다.

'7×8'을 계산해 보자. 먼저 각 수로부터 5를 미리 빼둔다. 이렇게 되면 '2와 3'만이 남게 된다. 이때 왼쪽 손가락을 2개, 오른쪽 손가락을 3개 구부린다. 이렇게 했을 때 구부러진 손가락의 수 (2+3)는 10의 자릿수, 펴져 있는 손가락을 곱한 것은 1의 자릿수 (3×2)가 되어 결국 해답은 '56'이 된다.

정말 그럴듯하지 않은가? 다만 처음에 5를 뺀 것으로도 짐작이 가겠지만 5보다 작은 수는 곱할 수 없다. 약간의 제약은 있으나,

■ 프랑스식으로는 9 이외의 계산도 할 수 있다!

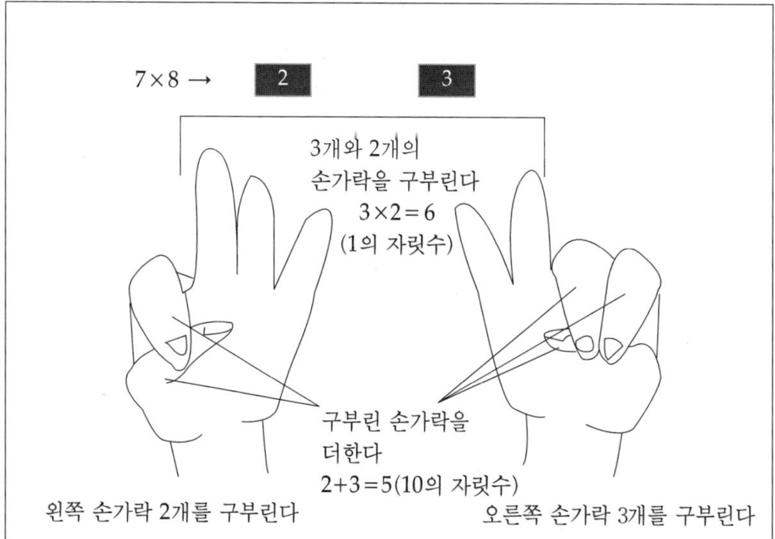

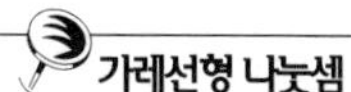
가레선형 나눗셈

가레선이란 중세 시대에 주로 지중해에서 사용하던 대형 배이다. 필산으로 나눗셈을 해가면 계산의 흔적이 마치 고대의 가레선 모양이 된다는 것에서 이름이 붙여진 것이다.

손가락으로 구구단이 가능하다는 것만 이해하면 그것으로 족하다.

왜 '마이너스×마이너스＝플러스'가 되는가

중학교에 입학하여 '양수, 음수'라는 분야를 공부할 때 완전히 이해하는 학생과 왜 '마이너스×마이너스＝플러스'가 되는지 이해가 되지 않아 수학 공부가 제대로 진척이 되지 않는 학생이 있다. 무조건 이것을 하나의 '법칙'이라 생각하고 앞으로 나가야겠지만 생각할수록 이해하기가 힘들다.

이 이상한 법칙은 데카르트가 발명한 수직선으로 생각해 보면 곧 알 수 있다. 한 가지 예를 들어 보자. 지금 대구를 기점으로 이 씨는 매초 $10\,m$의 속도로 서울 방면을 향해 가고 있고, 박 양은 부산 방면으로 향하고 있다고 가정해 보자. 이때 서울 방면으로의 이동을 '플러스'라고 한다면 부산 방면으로의 이동은 '마이너스'로 표시할 수 있다. 원점을 기점으로 서울 방면으로 향한 이 씨는 1초 후에는 $+10\,m$, 3초 후에는 $+30\,m$의 위치로 이동을 하고, 박 양도 이와 동일하게 3초 후에는 부산 방면으로 $30\,m$, 즉 $-30m$를 움직인다는 결론이 나온다. 그렇다면 이 씨는 '3초 전'에 어디에 있었다고 할 수 있는가? 즉 $(-3)\times(+10)=(-30)$으로, $-30\,m$의 위치에 있었다는 것이 된다.

박 양은 또한 3초 전에는 $(-3)\times(-10)$이 되는 지점에서, 즉 $+30\,m$의 위치에 있었으므로 결국은 $(-3)\times(-10)=(+30)$이 된다고 할 수 있다.

그러므로 $(-)\times(-)=(+)$가 된다.

나쁜 것이 나쁘면 좋은 것

부채($-$요인)가 줄면($-$요인) 사업에 '플러스'가 된다. 재고($-$요인)가 줄면($-$요인) 역시 '플러스'가 된다. 책의 반품($-$요인)이 줄면($-$요인) 책장사에게는 플러스가 된다.

■ $(-) \times (-) = (+)$가 되는 이유

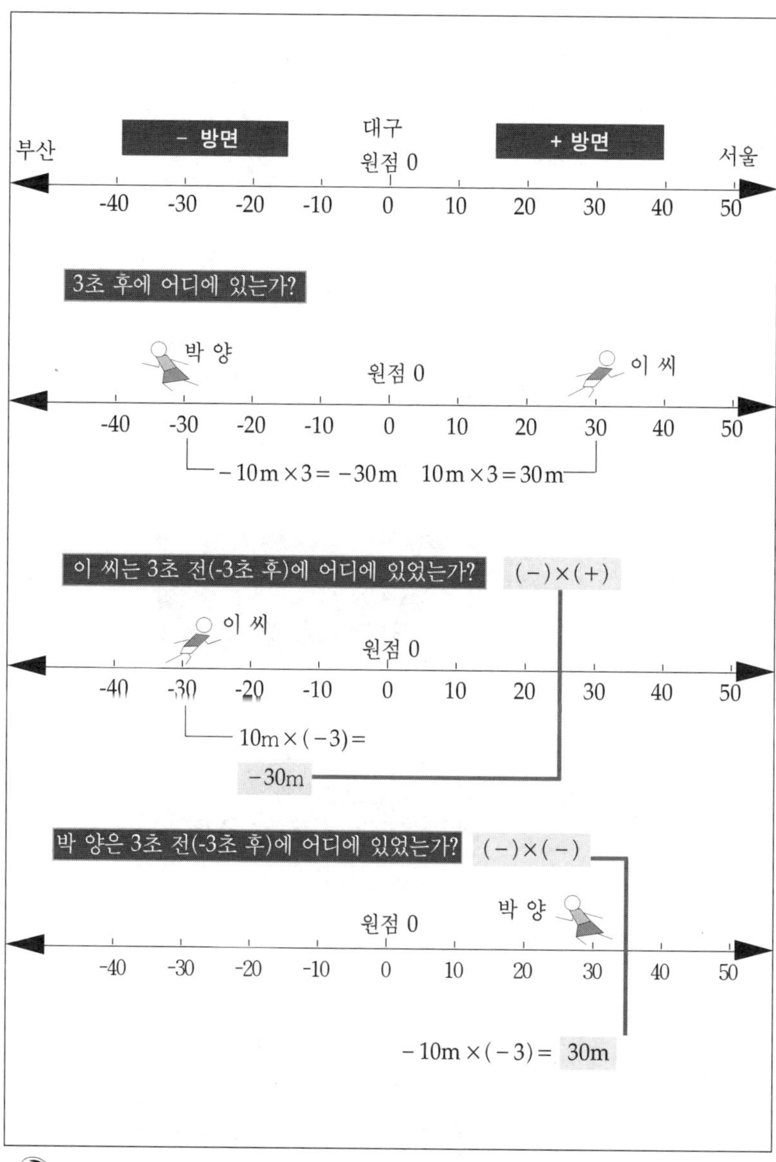

수직선과 좌표

수직선은 가로축(×축)으로만 되어 있는데 거기에 세로축(y축)을 더한 것이 '좌표' 이다.

누구나 간단히 소수를 만들 수 있다

소수(素數)란 '1과 그 수 자신 외의 정수로는 똑 떨어지게 나눌 수 없는 정수', 즉 약수를 갖지 아니하는 수를 말한다. 예를 들어 2, 3, 5, 7, 11, 13…… 따위를 들 수 있다. 여기에서 가령 510,511 또는 223,092,871이 소수인가 아닌가를 '유클리드의 호제법(互除法)'을 이용해 찾아내려 한다면 참으로 골치가 아플 것이다.

그러나 작은 소수에서 순서적으로 적당한 선까지 곱해 나가다가 그 수에 1을 더하는 것만으로 간단히 소수를 만들 수 있다. 그림에서 보듯이 510,511도 223,092,871도 소수이다.

■ '새로운 소수'를 산출해 내는 법

$$2 \times 3 + 1 = 7$$
$$2 \times 3 \times 5 + 1 = 31$$
$$2 \times 3 \times 5 \times 7 + 1 = 211$$
$$2 \times 3 \times 5 \times 7 \times 11 + 1 = 2{,}311$$
$$2 \times 3 \times 5 \times 7 \times 11 \times 13 + 1 = 30{,}031$$
$$2 \times 3 \times 5 \times 7 \times 11 \times 13 \times 17 + 1 = 510{,}511$$
$$2 \times 3 \times 5 \times 7 \times 11 \times 13 \times 17 \times 19 + 1 = 9{,}699{,}691$$
$$2 \times 3 \times 5 \times 7 \times 11 \times 13 \times 17 \times 19 \times 23 + 1 = 223{,}092{,}871$$

소수를 좋아하는 매미도 있다

미국에는 땅속에서의 생활이 17년 또는 13년에 이르는 '17년 매미', '13년 매미'가 있다. 그런데 한국에서 서식하는 기름매미는 대체로 5~6년 동안 땅속에서 생활하기 때문에 이에 비하면 2

최대 소수의 발견

1994년 1월, 미국의 크레이 회사는 자사의 슈퍼 컴퓨터로 최대의 소수 $2^{859433} - 1$을 발견했다. 10진법으로는 25만 8,716자릿수에 이른다. 당시까지만 해도 최대 소수는 1992년 영국에서 발견한 $2^{756839} - 1$로서 22만 7,832자릿수였다.

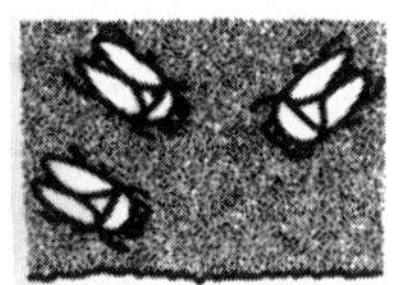

~3배 정도 오랜 세월 땅속에서 생활한다고 하겠다. 단지 오랜 기간만을 가지고 말한다면 9년도 좋고 16년도 좋겠지만, 3년 주기(9의 약수)나 4년 주기(16의 약수)로 매미를 잡아먹는 동물의 경우, 매주기가 끝나는 시기마다 다른 먹이로 연명을 해야 하는데 17년이나 13년의 소수로써는 도저히 매미를 잡아먹을 수가 없다. 그러니 이것도 매미가 살아남는 생존의 지혜가 아닐까?

왜 2^0은 1이 되는가

중학생들에게 수학을 가르치다 보면 그들이 특히 의아해하는 점이 있다. 그 가운데 하나가 '0승'이나. 2×2 처럼 2가 나란히 들어도 2×2×2×2×2…… 하는 식으로 계속되면 노트에 기록하는 것 자체도 큰 일이기 때문에, 이런 경우는 '거듭제곱'이라는 것을 활용하게 된다. 2를 5번 곱하는 것이라면 2^5라고 표시하며, 8을 6번 계속 곱한다면 8^6이라고 표시하는 것이다. 2를 2번 곱하면 $2 \times 2 = 2^2$, 2를 3번 곱하면 $2 \times 2 \times 2 = 2^3$이 된다. 그러나 2를 1번만 곱하면 단순히 2가 되어 이것을 2^1로 나타낸다.

그렇다면 '2를 0번 곱하면 얼마인가?'에 대한 답변은 어떤 식으로 풀면 될까? 거듭제곱의 표시방법으로 쓴다면 2^0이 당연하지만 내용적으로는 아무것도 작용한 것이 없기 때문에 '0' 그대로

■ 2^0은 왜 0이 되지 않는가?

$$2^5 \div 2^5 = 2^{5-5} = \boxed{2^0} \qquad 같은\ 경우이다$$

$$2^5 \div 2^5 = \frac{2\times2\times2\times2\times2}{2\times2\times2\times2\times2} = \frac{1}{1} = \boxed{1}$$

두는 것이 옳다. 그러나 수학에서는 $2^0=1$이라고 한다. 하나의 정의로서 받아들이는 것도 좋지만 왜 그런지 알아둘 필요가 있다.

다음의 분수를 생각해 보자. $2^5/2^2 = 2^3$이라면 $2^5/2^5 = 2^0$이 된다. 분수의 계산방법으로 설명한다면 정확히 이해가 가는데 해답은 0이 아니라 틀림없이 1이다. 다시 말하면 2를 0번 곱한다 하더라도 어떠한 작용도 하지 못한다. 그러나 수학에서는 $2^0=1$이라고 표기하고 있다.

산수와 수학, 무엇이 다른가

초등학교 때 느꼈던 의문점 가운데 하나가 '산수와 수학'의 차이일 것이다. 중학생이 되어 산수 대신에 수학이라는 용어를 사용하면서 조금은 어른이 된 느낌이 들기도 하는데, 도대체 산수와 수학은 무엇이 다를까?

흔히 "수학은 사회에 나가면 조금도 써먹지 못한다"는 말을 듣는다. 확실히 일상생활의 계산 정도라면 산수만으로도 충분하다. 옛날 서당에서 아이들에게 셈을 가르치기 위해 젓가락 등의 도구(산가지)를 이용하여 배우던 것을 산수에 비유할 수 있다면, 수학

근사값끼리의 합

오른쪽 A식에서 '43.2'와 '41.686'이라는 근사값을 더하려면 B와 같이 계산해야 한다.

(A) 43.2	(B) 43.2
+ 41.686	+ 41.6⁷86
84.886	84.9

은 보다 수준이 높은 교양으로서의 산학(算學)을 위해 대학에서 전공하는 학생들을 위한 학문이라고 할 수 있다.

그러나 사회가 발전해 감에 따라 지난날의 높은 교양이 오늘에 와서는 상식이 되어 버렸다. 비단 수학만이 아니다. 똑같은 문제를 푸는 데에서도 동물이나 새들을 세는 단순한 산수적인 셈의 기술이 아니라 방정식 등을 이용한 차원 높은 방법을 사용하고 있는 것이다.

분수의 나눗셈은 왜 역수를 곱하는가

동생이 분수 문제를 풀지 못해 고등학교에 다니는 형에게 질문을 하였다. 동생의 질문에 대해 형은 "분수의 나눗셈은 뒤의 분수를 뒤집어서 곱하면 된다"고 말했더니 "그럼, 3분의 1명으로 나눈다는 것은 어떻게 한다는 거지?" 하고 동생이 역습을 해왔다. 정말 3분의 1명으로 나눈다는 것은 좀 이상하게 느껴진다.

이것은 한 사람이 '(하루에) 3회로 나누어 사과를 먹는데, 그 1회분($\frac{1}{3}$)이 사과 한 개라면 이 사람은 모두 몇 개의 사과를 먹을 것인가' 라고 생각하면 된다. 그러면 $\frac{1}{3}$로 나누는 것이 쉽게 3(1×3)개와 같다고 여겨질 것이다.

분수의 나눗셈의 경우 나누는 쪽을 '뒤집어서 곱한다' 는 것은 어디까지나 1단위당 얼마인가를 산출하려고 하는 것이기 때문이다. '한 개의 사과를 세 사람이 먹는다' 고 한다면 '1인당 3분의 1개' 이며, '1개의 사과를 3분의 1명으로 나눈다' 고 하는 것은 1인당으로 하면 3개가 된다는 뜻이다.

쓸모없는 것의 필요성

수학은 흔히 일상생활에서 쓸모없는 것처럼 여겨지지만 산수를 위해서도 도움이 된다. 예를 들어 1~100까지의 덧셈을 산수로 계산하려면 많은 시간과 노력이 필요하지만, 수학을 이용하면 매우 간단하게 답을 낼 수 있다.

■ 분수의 나눗셈은 뒤집어서 곱한다

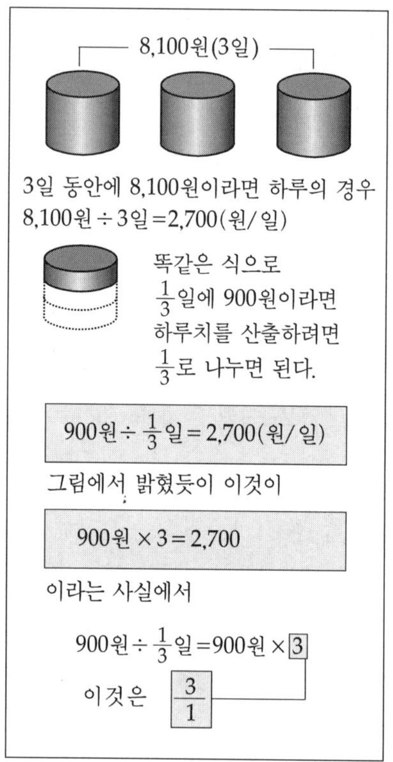

순환선의 안쪽과 바깥쪽 레일의 차

다음 그림과 같은 순환 지하철이 운행되고 있다. 그런데 운행 코스가 원형을 이루고 있기 때문에 자연히 레일 안쪽의 길이와 바깥쪽의 길이는 다를 것이다. 그렇다면 전동차가 코스를 한 바퀴 도는 동안 레일 안팎의 길이의 차이는 상당할 것으로 추정된다.

암탉과 달걀

분수의 나눗셈의 경우, 우선 계산을 할 수 있도록 만든 다음 뒤에 가서 느긋이 그 뜻을 생각하는 것이 좋을까? 아니면 뜻을 먼저 이해하고 나서 계산이 가능하도록 하는 것이 좋을까? 이것은 암탉이 먼저인가 달걀이 먼저인가를 고민하는 것과 같다.

■ 순환선 레일의 안쪽과 바깥쪽

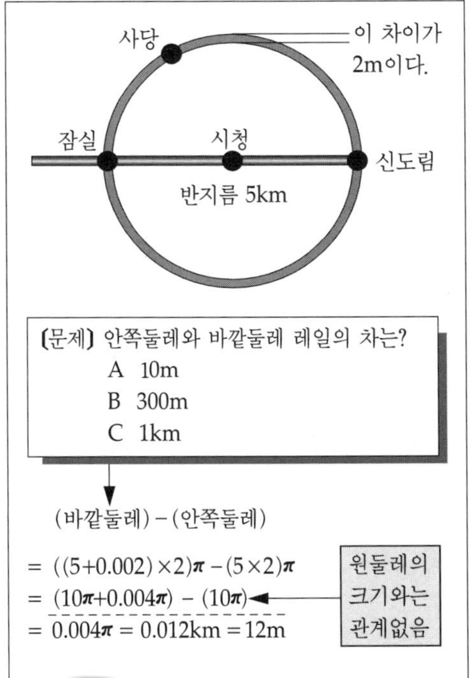

편의상 순환선을 반지름 5km의 원으로 하고 레일의 폭도 2m라고 가정한다.

언뜻 B의 답이 가장 옳은 것 같지만 정답은 A이다. 순환선의 지름이 5km가 되든 1만km가 되든 상관없이 레일의 폭이 2m라면 그 차이는 똑같다. 왜 그럴까?

레일의 폭이 정해지면 바깥 둘레와 안쪽둘레와의 차이는 반지름과는 관계없이 일정하다. 즉, 반지름을 r, 레일폭을 w로 했을 때 (바깥둘레 − 안쪽둘레) $= 2\pi(r+w)-2\pi r=2\pi w$에 의해 일정하다.

5

수학통이 되기 위한
이 얘기 저 얘기

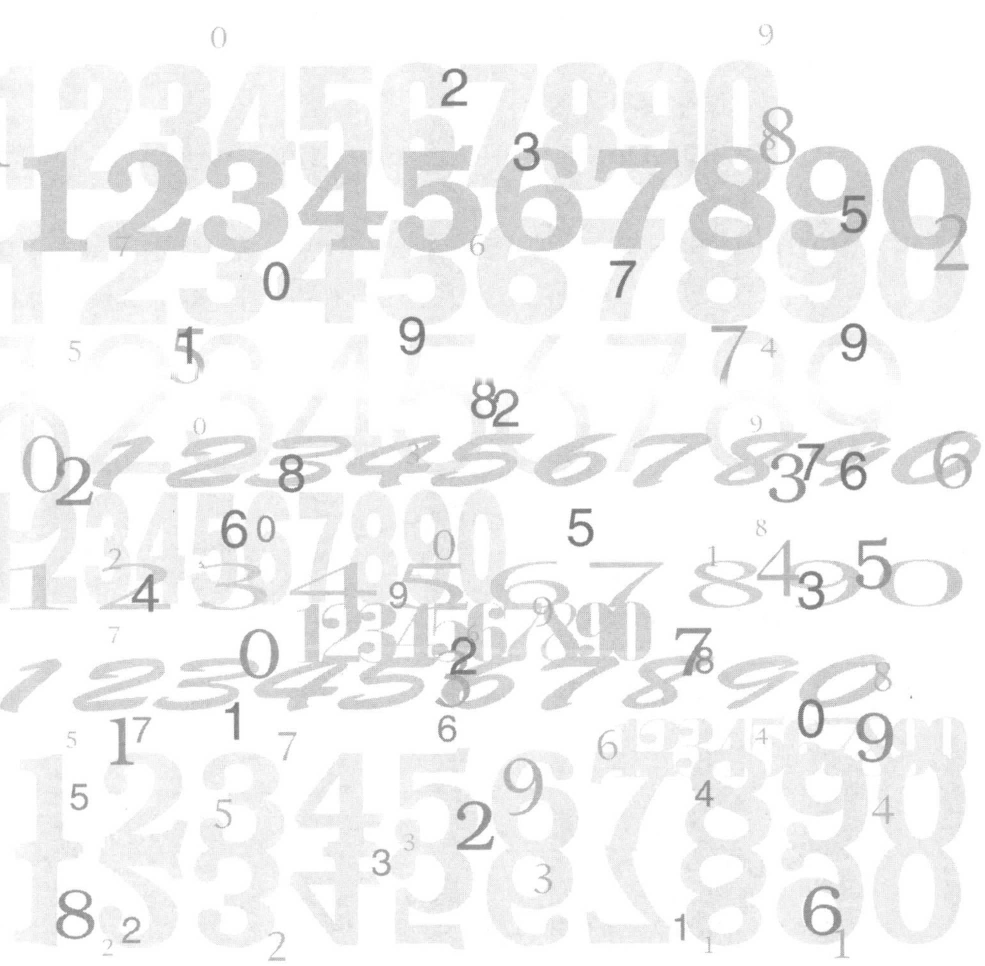

한라산 정상에서는 어디까지 볼 수 있는가

인간이 땅 위에서 볼 수 있는 범위는 한정되어 있다. 그 지점에서 지구에 대해 '접선'을 그어보면 틀림없이 '점'의 범위에 지나지 않는다. 그러나 한라산처럼 높은 산에 오르면 조금이나마 다를지도 모른다.

다시 한 번 '피타고라스의 정리'를 생각해 보도록 하자.

한라산에서 보이는 범위는 아래 그림과 같기 때문에 결국 삼각형 OAP의 변 PA의 길이만 알면 된다. OA=OB=6,370km(지구의 반지름), PB=1,950km(한라산의 높이)이므로, 피타고라스의 정리에 의하면 다음과 같다.

$$PA^2 = PO^2 - OA^2 = (6{,}370 + 1{,}950)^2 - 6{,}370^2 = 24{,}847$$
$$\therefore \sqrt{24{,}847} = 157.62$$

따라서 한라산에서는 반지름 157km 범위 안의 도시는 모두 내려다볼 수 있다. 그러나 그림을 보면 '원래는 PA가 아니라 BA의

■ PA의 거리를 구하면 한라산에서 볼 수 있는 범위를 알 수 있다

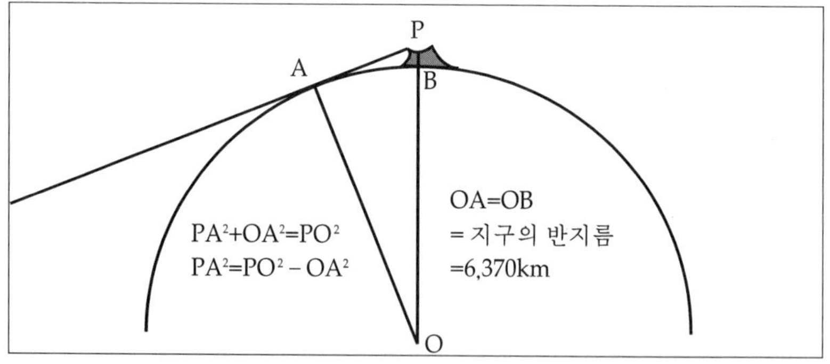

몽고군의 지혜

옛날 몽고군은 적의 동태를 감시할 때 높은 곳에 올라가서 감시하는 것이 아니라 땅바닥에 엎드려서 적군을 살폈다. 그런데도 사방을 볼 수가 있었으며, 적진에서 들려오는 진동까지 감지했다고 한다.

■ 시계 반지름의 공식

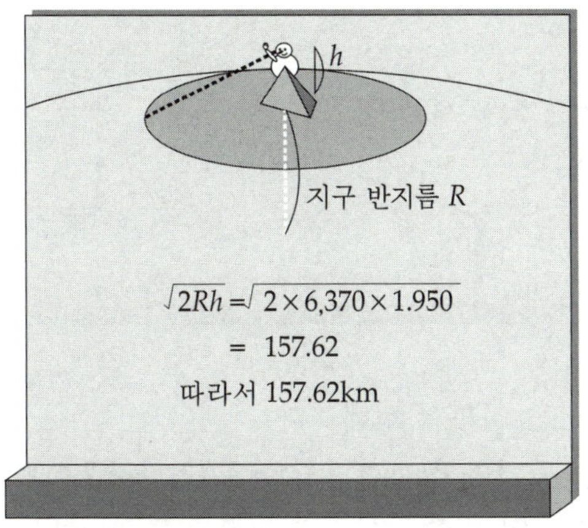

거리(곡선)가 아닐까' 하는 의심이 들 것이다. 그렇다면 어느 정도의 오차가 생기는지 확인해 볼 필요가 있다.

높이를 h, 지구의 반지름을 R이라고 했을 때 시계(視界)의 반지름(거리)은 위 공식으로 계산할 수가 있다.

피타고라스의 정리로 계산한 해답과 비교해 보면 놀랍게도 불과 10m의 차이밖에 나지 않는다.

피라미드를 한 개의 막대기로 측정한 천재 과학자

그리스의 과학자 탈레스는 기름(올리브유)과 소금 등을 거래하는 상인이기도 했는데, 이집트나 메소포타미아와 같은 문명국가를 자주 여행하였다. 그가 이집트로 여행하던 중에 피라미드의 높

■ 한 개의 막대기도 사용하는 방법에 따라 마법의 도구로 바뀐다

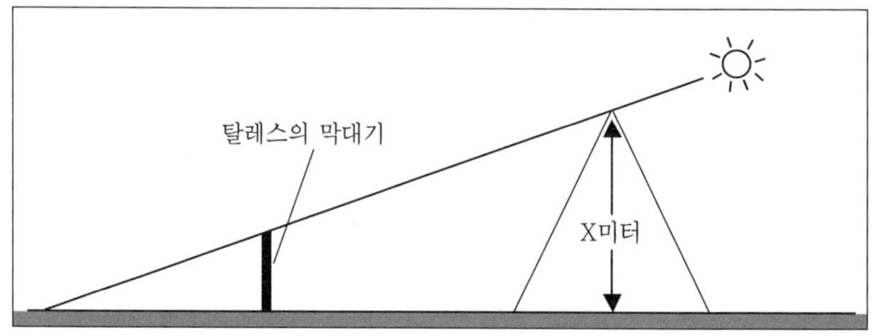

이를 측정했다는 일화가 전해진다.

피라미드는 밑면이 정사각형을 이룬 정사각뿔이기 때문에 직접 높이를 잴 수는 없다. 당신이라면 어떻게 측정하겠는가?

탈레스는 한 개의 막대기를 땅 위에 수직으로 세워 놓고 '막대기의 길이, 막대기의 그림자 길이, 피라미드 그림자의 길이' 등 세 가지를 측정했다. 에라토스테네스는 지구의 크기를 하지(夏至) 때 측정했지만 탈레스에게는 그런 조건도 없었다. 삼각형을 닮은 직각삼각형 사이에서의 간단한 비례법을 적용시키면 위 그림에서와 같이 간단히 높이를 측정할 수가 있다.

그러나 이집트에서는 이미 오래 전부터 피라미드 높이를 구하는 방법이 알려져 있었으므로, 그것을 탈레스가 배웠다는 이야기도 있다.

어쨌든 탈레스의 재미있는 피라미드 측정 이야기는 기하학에 대한 흥미를 유발시키기에 매우 좋은 소재였다. 특히 한 가닥의 보조선이 아닌 한 개의 막대기로 어려운 문제를 해결했다는 데 그 의의가 크다고 할 수 있을 것이다.

장사꾼 탈레스

탈레스(BC 640~546)는 그리스의 미래토스 태생인데 올리브 열매의 많은 수확을 예상하여 압축기를 매점해 두었다가 크게 돈을 벌었다는 이야기가 있다.

탈레스에게는 다른 이론이 있었다

앞에서 '탈레스는 닮은 직각삼각형의 비례법을 사용하여 피라미드 높이를 측정했다'고 했는데, 그 이야기 가운데에는 이해하기 어려운 부분이 있다. 분명히 수학적인 완벽한 측정법이라고 했지만, 피라미드의 그림자 일부는 피라미드 자체에 포함되어 있으므로 측량하기 곤란하다는 생각이 들 것이다.

그러나 실지로 측정해 보면 그러한 의심은 곧 사라지게 된다. 탈레스는 피라미드 측량에 약간 잔꾀를 부리지 않았나 하는 생각이 든다. 예를 들어 이런 생각을 해보면 어떨까? 피라미드에 직각으로 태양이 내리쬐는 시기를 이용한다면 피라미드에 가려진 그림자의 길이는 피라미드의 한 변의 절반이기 때문에 이것으로 진

■ 감추어진 그림자의 길이를 생각한다면

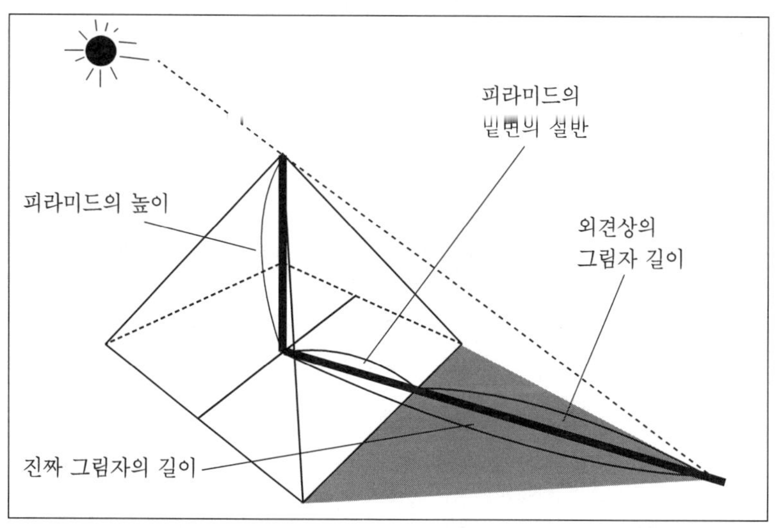

탈레스의 예언

탈레스는 '5월 28일(BC 585)에 일식이 일어난다'는 것을 예언하였다. 당시 한창 전쟁 중이던 메디아와 리디아는 그 날 일식 때문에 태양이 숨어 버린 것을 신의 노여움 때문이라고 판단하여 전쟁을 그만두었다고 한다.

짜 그림자의 길이를 알 수 있지 않을까? 이것도 닮은비의 생각으로 푼다면 가능할 것이다.

그러나 물체의 높이를 잴 때 태양이 한 변을 직각으로 내리쬐기는 매우 어렵다.

그렇다면 좀더 일반적인 방법은 없는지 생각해 보자. 그것은 좀 유사한 방법이지만 '공간도형의 닮은비'를 사용하는 방법이다.

아래 그림과 같이 두 번에 걸쳐서 그림자의 위치를 확보해 두었다가 각각 끝부분의 점을 맺어본다. 이렇게 하면 피라미드와 막대기가 만들어 놓은 길이의 비는 각각의 길이에 대응하기 때문에 쉽게 계산할 수 있다.

탈레스가 실시한 방법이 어떤 것인지는 잘 모르지만 이 '공간도

■ 공간도형의 닮은비로 높이를 구한다

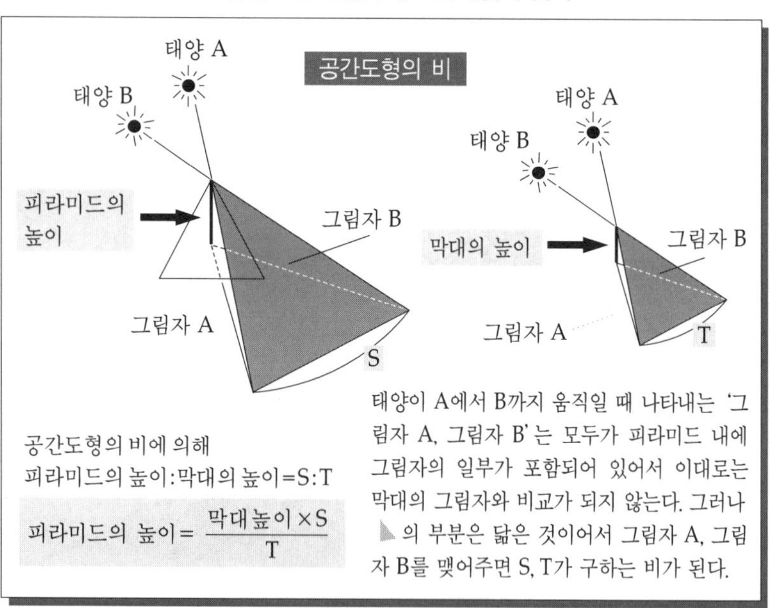

탈레스의 등잔 밑은 어두웠다

별을 쳐다보며 걷던 탈레스는 그만 시궁창에 빠져 버렸다. 이 광경을 보고 있던 한 노파가 "당신은 하늘의 것은 잘 아는데 어찌 발 밑의 것은 모르는가?" 하면서 비웃었다고 한다.

■ 탈레스의 '닮은비'를 이용한 유제

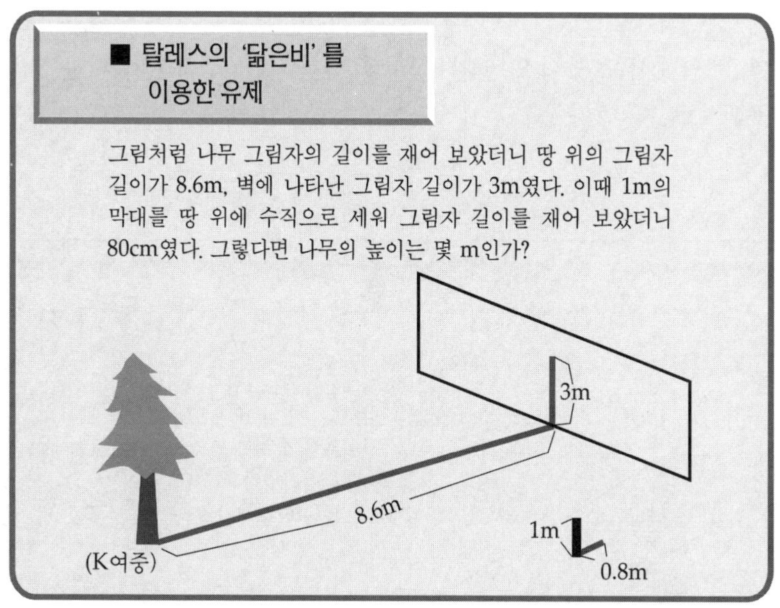

그림처럼 나무 그림자의 길이를 재어 보았더니 땅 위의 그림자 길이가 8.6m, 벽에 나타난 그림자 길이가 3m였다. 이때 1m의 막대를 땅 위에 수직으로 세워 그림자 길이를 재어 보았더니 80cm였다. 그렇다면 나무의 높이는 몇 m인가?

형의 닮은비'를 이용한다면 무리하게 직각을 생각하지 않아도 되며, 그림자가 피라미드 안으로 들어가는 일도 없다. 수학에서는 무엇보다 복잡하지 않고 간단 명료하게 푸는 방법이 제일이다.

아무 생각 없이 탈레스와 피라미드의 이야기에 끌려들어갔다고 생각하는 사람이 있을지 모르겠지만 탈레스의 피라미드 측량에 대한 변형 문제가 의외로 많이 출제되고 있다. 이것은 시험 문제 자체가 수준이 높을 뿐만 아니라 무난하기 때문이다.

자, 그러면 이것을 응용하여 출제된 유제를 풀어보자.

탈레스와 같이 닮은 직각삼각형에서의 비례법을 생각해도 벽에 비친 나무의 그림자를 먼저 처리해 두지 않으면 그 다음 계산이 잘 풀리지 않는다. '탈레스의 막대기'를 여기서는 1m로 명시하고 있기 때문에 '벽에 비친 그림자 3m'가 원래의 길이(지면에 비쳐

져 있다면)라고 생각하면 어느 정도 길이가 되는지 짐작할 수 있다. 해답에서 보듯이 2.4m와 8.6m를 더한 것이 구하고자 하는 '나무의 그림자'이다.

해 답

먼저 벽에 나타난 그림자(3m)가 만일 지면에 나타났다면(본래의 그림자) 어느 정도의 길이였을까 하고 생각해 본다.

$$3:본래의 그림자 = 1:0.8$$

따라서 본래의 그림자 $= \dfrac{3 \times 0.8}{1} = 2.4\text{m}$

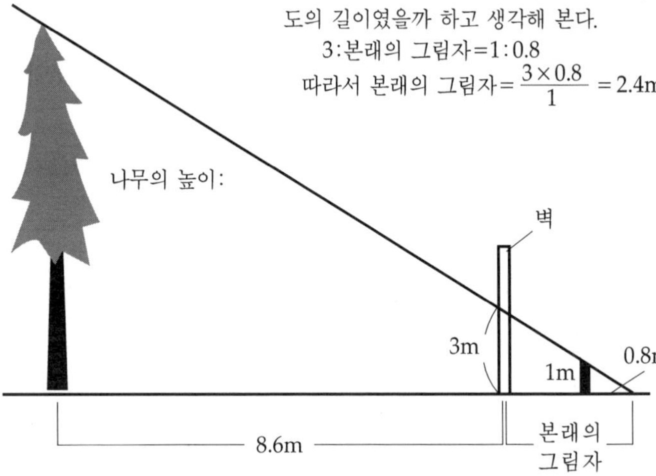

벽의 그림자는 지면에서는 2.4m였을 것이다.
따라서 나무 그림자의 전체길이는 (8.6+2.4)m=11m
그리고 '나무의 높이'는
나무의 높이:11 = 1:0.8
즉, '나무의 높이'는 $11 \times 1 \div 0.8 = 13.75(\text{m})$

한 마리의 파리가 '좌표'를 만들었다

좌표축의 고안자는 합리주의 철학자로서 이름을 떨친 프랑스의 데카르트(1596~1650)이다. 그가 군인의 길을 택하여 전지(戰地) 생활을 하고 있을 때였다. 어느 날 사색에 잠겨 있던 데카르트의 눈 앞에 한 마리의 파리가 창틀 여기 저기를 기어다녔다. 그것을 보던 그는 문득 X축(가로축)과 Y축(세로축)으로 만들어지는 좌표를 생각해 냈다.

■ 좌표의 발상은 파리로부터 생겨났다

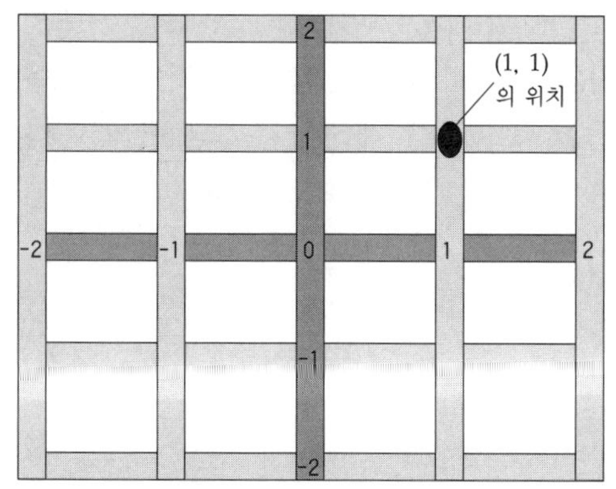

이 에피소드에 대한 진위는 분명하지 않지만 좌표의 포인트를 잘 나타낸 것만은 틀림없다.

수학자들의 아버지 직업

수학자들이 어떤 환경에서 자랐는지를 알아보기 위해 다음과 같이 부친의 직업 일람표를 만들었다. 대체로 목사나 상인 등이 많음을 알 수 있다. 특히 상인의 자녀로 태어날 경우 교역관계로 외국에 나가는 기회가 많아 어려서부터 견문을 넓힐 수가 있었다. 또한 다른 사람들에 비해 훨씬 좋은 여건에서 좋은 장서를 많이 접할 수 있어 더욱 학문에 매진할 수 있었을 것이다. 자녀 교육을 위한 맹모삼천지교의 교훈이 새삼 머리에 떠오른다.

조숙한 대천재 가우스

인류가 지금까지 낳은 '수학의 3대 거인'으로 아르키메데스, 뉴턴, 그리고 가우스를 들 수 있다. 이것은 독단과 편견에 의해 선택된 사람이 아니라 누구나 인정하는 위대한 수학자들이다.

이 중에서 아르키메데스에 대해서는 어린 시절의 동태가 거의 파악되지 않고 있으며, 뉴턴의 경우는 어린 시절에 뛰어나게 두각을 나타내지 못한 것으로 알려지고 있다. 그러나 가우스는 매우 특출하여 세 살 때 이미 천재의 일면을 엿볼 수가 있었다고 한다.

천재 베르누이 일가

천재의 가계로 베르누이 가(家)가 유명하다. 한 가계에서 3대에 걸쳐 수학자가 8명이나 배출되었기 때문이다.

■ 수학자들의 아버지 직업

페르마	프랑스	도시의 부참사관
아벨	노르웨이	목사
데카르트	프랑스	귀족
케플러	독일	양조장의 주인
카르다노	이탈리아	변호사
탈타리아	이탈리아	우편배달부
피보나치	이탈리아	무역상
아르키메데스	그리스	천문학자
파스칼	프랑스	세무고등법관
뉴턴	영국	토지의 영주
라이프니츠	독일	대학 교수
오일러	스위스	목사
달란벨	프랑스	포병장교(어머니는 귀족)
라그란쥬	프랑스	경리장교
라플라스	프랑스	농부
몬 쥬	프랑스	상인
탈레스	그리스	상인
프리에	프랑스	재단사
가우스	독일	석공
코시	프랑스	국가공무원
해밀턴	아일랜드	변호사
갈루아	프랑스	교장
브류	영국	구두수선공
리만	독일	목사
데데킨트	독일	법률학자
리	노르웨이	목사
칸톨	덴마크	상인
코와레프스카야	러시아	포병장교
포안카레	프랑스	의사
힐벨트	폴란드	법률가
러셀	영국	귀족
아인슈타인	독일	공장경영자
노이먼	헝가리	은행가
바이어슈트라스	독일	세관공무원

■ '1 ~ 100' 까지를 2회 더하고, 2로 나누면…

$$
\begin{array}{l}
\quad\ \ 1+\ 2+\ 3+\ \cdots\cdots\ +\ 98+\ 99+100 \longleftarrow \boxed{S1}\\
+)\ 100+\ 99+\ 98\ \cdots\cdots\ +\ 3+\ 2+\ 1 \longleftarrow \boxed{S2}\\
\overline{101+101+101+\ \cdots\cdots\ +101+101+101} \longleftarrow \boxed{S}
\end{array}
$$

$$S=(S1+S2)\div 2=(100\times 101)\div 2$$
$$=5{,}050$$

가우스의 아버지는 석공들을 거느리고 석공업을 하였다. 일주일에 한 번씩 석공들에게 임금을 지불했는데, 어느 날 세 살짜리 가우스가 "아버지! 계산이 틀렸어요" 하고 잘못을 지적했다고 한다.

일곱 살 때에는 학교의 담임 선생님이 좀 쉴 생각으로 아이들에게 '1에서 100까지 더하라'는 문제를 냈다. 일일이 수를 쓰면서 이것을 계산해 내려면 여간 힘든 일이 아니다. 다른 아이들이계산에 몰두하고 있을 때 가우스가 큰소리로 "선생님! 다 끝냈습니다" 하고 소리쳤다. 이 말을 들은 선생님과 아이들은 모두 깜짝 놀랐다.

가우스가 사용한 방법은 위 그림과 같은데, 오늘날 고등학교에서 배우는 수열(등차수열)을 이용한 방법이었다. 수열이란 '1, 2, 3, 4, 5, 6, …'이라든가 '2, 4, 6, 8, …'처럼 규칙적으로 증가해 가는(감소되어도 좋다) 글자 그대로 '수의 열'을 뜻하는데, 가우스가 한 것은 그 '수열의 합'에 해당한다.

가우스의 이 같은 방법이 왜 어떻게 성립하는지 이해가 되지 않을지도 모른다. 그러나 다음의 그림을 눈여겨 관찰해 보면 앞에서 본 것과 같은 고대 이집트의 삼각수를 둘로 편성한 것과 똑같아 훌륭하게 '등차수열의 합'의 공식을 이끌어 낼 수가 있다.

가우스의 천문 예측

소행성 세레스가 1801년에 발견되었는데, 41일 동안의 관측 후 9개월 동안 모습을 감추었다. 가우스는 그때의 데이터를 바탕으로 궤도를 계산하여 1년 후 세레스의 위치를 정확히 예측하였다.

■ 가우스는 일곱 살 때 삼각수의 개념을 응용했다

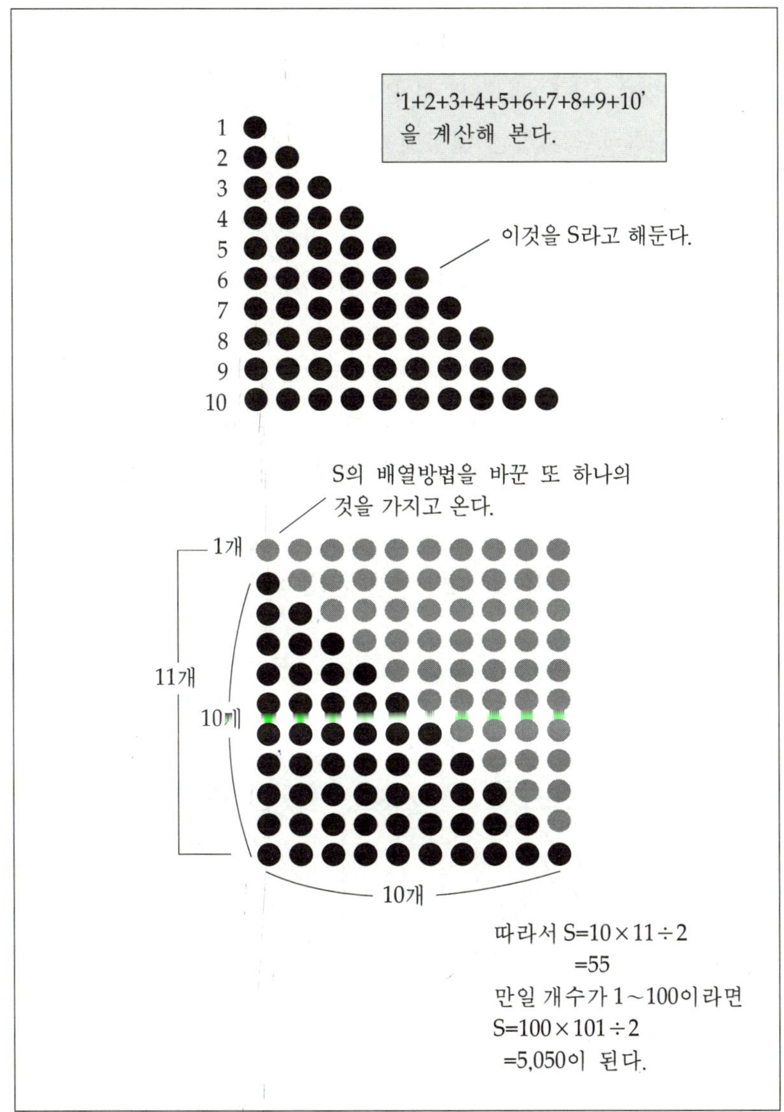

수학 교사는 짐이 무겁다

가우스는 독일의 괴팅겐 대학 교수가 되었는데, 학생의 수준 문제로 늘 고민하였다. 그는 '3명의 학생을 가르치면, 1명은 예습의 수준, 1명은 보통 이하의 수준, 나머지 1명은 예습도 못하는 무능력자' 라고 개탄하였다.

1796년 3월 30일의 대발견

가우스는 뉴턴 등과 마찬가지로 여러 분야의 천재였는데, 특히 어학에 뛰어나 수학의 길을 택할지 어학의 길을 택할지 몹시 고민하였다. 그러나 괴팅겐 대학에 입학한 가우스는 19세가 된 1796년 3월 30일 뜻하지 않은 수학상의 대발견을 하였다.

'자와 컴퍼스만을 사용하여 작도(作圖)한다'는 유클리드적인 수법을 써서 정17각형을 훌륭하게 그려낸 것이다. 이것은 유클리드 이래 2,000년 동안 그 누구도 해낼 수 없는 대발견이었으며, 이것이 가우스가 가야 할 길을 결정해 준 큰 사건이 되었다.

가우스 역시 이 발견을 매우 흡족하게 여겨 자신이 죽은 다음 자신의 묘비에 정17각형 도형을 새겨 달라는 유언까지 했다고 한다.

■ 이른 아침의 영감이 세계 역사를 바꾸어 놓았다

🐦 **가우스의 수학 일기장**

가우스는 훗날 중요한 자료가 된 '수학 일기'를 1796년 3월 30일부터 쓰기 시작했다. 꼬리를 물고 발견된 수학 이론을 담은 노트로 생전의 미공개 이론들이 많이 담겨져 있다.

가우스 일기장에 씌어 있는 유클리드 기하학

가우스의 가정은 그다지 유복하지 못했기 때문에 그의 아버지는 가우스의 천재성을 인정하였으면서도 아들을 상급 학교에 보내기를 주저했다. 그때 친절하고 사려 깊은 후원자인 브룬스빅 영주의 도움을 받아 학비를 해결할 수가 있었다. 후일 브룬스빅 영주의 원수인 나폴레옹으로부터 2,000프랑이라는 자금제공을 제안받았지만, 그것을 단호히 거절하였기 때문에 한때 자신의 입장이 매우 위태로운 상황에까지 몰리게 되었다.

또한 프랑스의 수학자 라플라스가 빚을 대신 갚아준 일이 있었다. 가우스는 그 후 꼬박꼬박 이자까지 계산하여 모두 변상하였다.

그런가 하면 수학 분야에서 다른 사람이 이론을 발표할 경우 그 발표를 기다렸다가 아무도 발표하지 않는 시기를 택하여 자신의 논문을 발표하는 겸양의 미덕도 지니고 있었다.

예를 들면, 로바체프스키나 볼리아이 등의 수학자에 의해 '비

(非)유클리드 기하학’이 발표되었는데, 가우스는 이미 그들의 발표 전에 비유클리드 기하학의 영역에 도달하였다는 것이 그의 수학 일기에서 확인되고 있다. 나이가 들어서는 그를 늘 따뜻하게 대해 주던 어머니 도로테아를 정성껏 봉양했으며, 자신이 77세로 사망할 때까지 돈이나 명성에 집착하지 않고 평범한 생활을 한 것으로 알려지고 있다.

수학자들의 직업은 무엇이었을까

‘수학자가 수학으로 밥을 먹게’ 된 것은 오늘날 이야기다. 옛 수학자들은 수학으로는 생계를 꾸려나가기 힘들었기 때문에 대부분

■ 수학자들의 뜻밖의 본업

뉴턴(1642~1727)	조폐국장
페르마(1601~1665)	행정관, 지방의회 의원
탈레스(BC 640~BC 546)	상인
오말 하이얌(1048~1131)	천문대장, 시인
피보나치(1174?~1250?)	상인
카르다노(1501~1576)	개업의, 의과계 학교 교사
네이피어(1550~1617)	장로교 교파의 수도사
데카르트(1596~1650)	군인
카바리엘(1598?~1647)	수도사
라플라스(1749~1827)	내무부 장관, 귀족원 의회 의원
코시(1789~1857)	건축사
불(1815~1864)	초등학교 보조교원

천재 수학자들의 직업은 예외

일반적으로 수학자들은 본업인 수학과 거리가 먼 직업을 택했는데, 뉴턴, 라플라스, 코시 등은 수학을 생계수단으로 삼았다. 그러나 그 대상은 극히 일부의 천재 수학자들이었다.

다른 직업을 갖고 있었다. 수학 이론의 발표도 한정되어 있었으므로 다른 사람에게 보낸 편지 속에서 수학에 관한 이론을 전했던 흔적이 남아 있다.

그렇다면 수학자들은 어떤 직업에 종사하며 생활하였을까? 표를 살펴보면 정말 다양한 직업을 갖고 있었음을 알 수 있다. 이왕이면 조금이라도 수학과 관련된 도량형 등을 다루는 직업이나 국외로 나가 견문을 넓히는 직업을 택했으면 좋았을 것이라는 생각이 들기도 한다.

근대에 와서는 예전처럼 어려운 생활에서 수학을 연구하는 사람들보다 생활 여건이 나아져 '수학자'로서도 생활해 나갈 수 있게 되었다. 또한 수학에 대한 뜨거운 애정도 가지고 있어 비단 학자가 아니더라도 수학 세계에 무엇인가 남겨 놓아야 한다는 생각이 지배적이다.

'필드'상은 수학의 노벨상

노벨상에는 물리학상, 화학상, 의학상 등은 있지만 수학상은 없다. 노벨 시대의 수학자들 가운데 노벨과 사이가 좋지 않았던 저명한 수학자가 있었는데, 수학상이 제정될 경우 그에게 영예를 안겨주어야 하는 결과가 초래되므로 수학상을 마련하지 않았다는 재미있는 이야기가 있다. 그러나 그 진위 여부는 알 수 없다.

1924년 캐나다 토론토 국제 수학자 회의(International Congress of Mathematicians)의 잉여금을 바탕으로 필드상이 창설되었다. 필드상은 노벨상보다 기준이 더욱 엄격하다. 그 중 하나는 수상자

☞ 암시효과 속에서 자란 수상자

필드상을 수상한 일본의 히로나카 씨에 의하면 어릴 때 숙부로부터 '수학이나 물리학은 참으로 멋진 학문'이라는 말을 수없이 들으면서 자랐다고 한다.

의 수상시 연령이 40세 미만이어야 한다는 규정이다. 중요한 논문을 30대에 발표해서 40대에 인정을 받았다면 그 사람은 실격이 되고 마는 것이다.

그러면 우리 나라 사람 가운데 필드상을 받은 사람이 있을까? 유감스럽게 한 사람도 없다. 그런데 주최자(국제수학연합 ; IMU)는 수상자의 국적이 아니라 수상 당시의 소속기관을 문제삼는다. 아래에 제시된 표를 보면 알 수 있듯이, 독일 태생으로서 수상 가능권에 있는 사람이 3사람 있었지만 모두가 수상 시기에 미국이나 프랑스 등의 연구기관에 소속되어 있었다.

그리고 필드상은 '40세 미만' 이라는 규정 외에 '4년마다 한 번'

■ 주된 수상국과 획득 메달

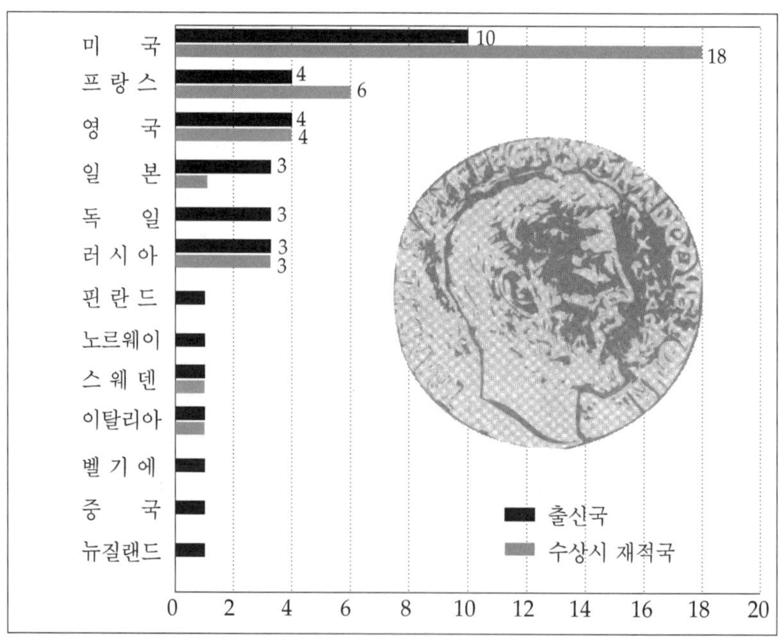

국제수학올림픽(IMO)

올림픽이라는 이름이 붙여진 수학대회가 1959년부터 해마다 치러지고 있다. 참가자격은 고등학생 이하의 재학생이다.

이라는 제약이 있다. 예를 들어 38세 때 수상을 놓치면 그 직후에 아무리 우수한 논문을 썼다 하더라도 수상할 수 있는 자격이 상실된다.

'4년마다 한 번'이라는 뜻에서 생각한다면 '수학의 노벨상'이라기보다는 '수학의 올림픽'이라고 말하는 것이 합당할 것이다.

《프린시피아》에 대해서는 드무와브르에게

뉴턴이라 하면 《프린시피아》— 뉴턴의 주요 저서, '자연철학의 수학적 원리(Philosophioe Naturalis Principia Mathematica)'— 를 생각나게 한다. 누군가 뉴턴에게 《프린시피아》에 대해 물어보려고 했더니 "그 일이라면 드무와브르에게 물어보는 것이 좋겠어. 그는 나보다 그것에 대해 더 잘 알고 있어"라고 대답했다고 한다.

드무와브르(1667~1754)는 종교상의 이유로 프랑스에서 영국으로 망명한 수학자였다. 프랑스에서는 1598년 앙리 4세에 의해 프로테스탄트(신교도)에게도 신앙과 예배의 자유가 주어졌지만(낭트 칙령), 1685년 이 칙령이 앙리 4세에 의해 폐지되어 국외 탈출이 불가피하게 되었다. 그는 수면시간이 점점 길어지는 원인불명의 이상한 병이 들어 결국은 24시간을 수면으로 보내다 죽고 말았다.

좌절을 딛고 일어선 뉴턴

수학자들은 예외 없이 처음부터 수학에 특별한 재능을 가졌던 모양이다. 특히 오늘날 큰 명성을 남긴 대수학자의 경우 그들의 지나간 삶을 더듬어 보면 모두가 그렇게 느껴진다. 그러나 그들에

수학 공부에 전념하게 된 계기
16세부터 초등학교의 대리강사 일을 맡았던 아버지를 도와 온 영국의 존 불(Boole, G.)은 당시 수학책이 다른 책에 비해 값이 싼 관계로 수학을 연구하게 되었다고 한다.

게도 한때 좌절과 실망의 순간이 없었던 것은 아니다.

뉴턴의 경우를 생각해 보자. 그는 어린 시절 몸도 약하고 학업 성적도 좋지 않았다. 본래부터 수학을 좋아했지만 몸이 쇠약해짐에 따라 의욕까지 상실하게 되었다. 그런데 어느 날 그보다 나이가 많은 학생이 싸움을 걸어왔다. 이때 뉴턴은 이래서는 안 되겠다고 마음을 먹고 젖먹던 힘까지 다해 대항하였다. 그렇게 하여 뜻밖에도 그 싸움에서 이기게 되었는데, 이 일을 계기로 뉴턴은 수학에 도전하여 희대의 대수학자가 되었다고 한다.

왜 '구구법'이라고 하는가

아무리 생각해 보아도 이상한 일이다. 이름은 구구법이라고 붙여 놓고 실제로는 '이이는 사($2 \times 2 = 4$)'라는 식으로 2단부터 암송하지 않는가? 여기에는 재미있는 속설이 있다.

예전에 구구법은 귀족사회에서만 독점 사용했던 지혜의 하나로서, 셈을 하는 데 유용하게 이용되었다. 그런데 이 구구법이 어찌나 편리하고 이로운지 이를 마치 보배처럼 비밀스럽게 다루었으며, 일반 서민층에게는 구구법이 절대로 누설되어서는 안 된다는 사고가 귀족사회에 깊이 뿌리내리게 되었다. 이 때문에 쉽게 익힐 수 있는 구구단을 일부러 어렵게 만들어 '구구 팔십일'부터 외우게 되었다는 얘기다. 그래서 옛 사람들은 구구단을 외울 때 구구법의 제일 마지막 대목인 '구구 팔십일($9 \times 9 = 81$)'부터 암송을 했던 모양이다. 그래서 구구법이라는 이름이 붙여진 것이고, 이들 귀족계급에게는 "제로라든가 10진법(進法) 같은 간편하게 계산할 수 있는 비법은 널리 알려져선 곤란하다"는 그릇된 생각이 우월 감과 함께 작용하고 있었던 듯하다.

일본 셈의 대표적인 책《진겁기》

일본 에도시대(江戶時代)의 대표적인 화산서(和算書)인《진겁기(塵劫記)》는 이해하기 쉽게 저술된 일종의 '수학 입문서'이다.

이《진겁기》가 중국의《산법통종(算法統宗)》의 번역판이라는 견해가 있는데 이는 정설인 듯싶다. 실제 책의 내용을 보면 저자 요시다 미쓰요시가《산법통종》이라는 책을 참고로 한 것이 틀림없으며, 단지 중국(명나라)과 일본의 도량형 단위가 다르므로 이들을 일본 것으로 고쳐서 저술한, 이를테면 일본인 지향의 수학책이라고 생각하는 게 옳을 것이다.

《진겁기》라는 책은 여러 번 개정되어 메이지시대(明治時代)까지 판을 거듭한 베스트셀러가 되었다.

'항하사' 란 황하의 모래알 수를 일컫는 말인가

고대 이집트에서는 '천만'이 가장 큰 수(數)였다. 보통 일상생활에 잘 사용하지 않는 수치는 있으나마나 한 것이어서 당시에는 천만 정도면 족했다. 그러다가 상업이 발달하면서 그보다 큰 숫자를 필요로 하게 되었다.

일본 에도시대에 저술된 《진겁기》라는 책에 여러 가지의 단위가 수록되어 있는데 그 중 몇 가지를 소개하려고 한다.

일반적으로 '만, 억, 조, 경(京), …' 정도만 알고 있어도 생활하는 데 불편함이 없다. 그런데 이 책에는 그 이상의 수까지 나와 있다. 이 중에는 '항하사(恒河沙)'라는 단위가 있는데 이를 황하사(黃河沙)로 음독(音讀)하여 황하의 모래알만큼 많은 수를 의미한다고 잘못 해석하고 있다. 물론 모래알만큼 많음을 상징하고 있지만 여기에서 '항하(恒河)'는 황하(黃河)가 아니라 인도의 갠지스 강을 뜻한다.

이 밖에도 '아소기(阿僧祇)'나 '나유다(那由他)' 등은 참으로 이상한 발음인데 그도 그럴 것이 이들은 인도의 'asamkhya'와 'nayuta'라는 범어(梵語)의 음을 따서 만든 것이기 때문이다. 이 두 개의 뜻도 매우 크고 많다는 뜻을 함축하고 있다.

이렇듯 큰 수나 작은 수 모두가 석가모니의 불전(佛典)에 나오는 용어를 동양인들이 수적 개념으로 받아들이고 있는 것이다.

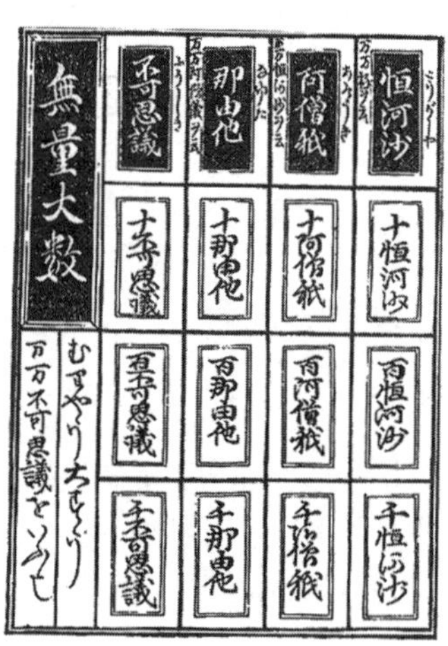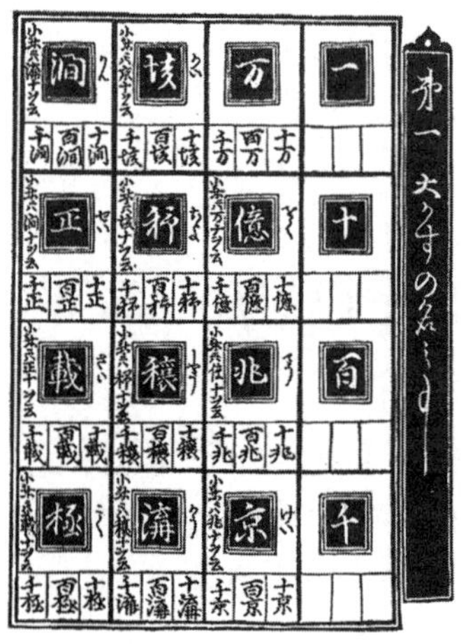

중간부터 급하게 확장

단위는 '만 → 억 → 조…' 이렇듯 10^4씩 앞당겨 올라가는데 항하사(恒河沙)부터는 10^8씩 올라간다. 이 때문에 무량대수(無量大數)는 10^{88}이 되는 것이다(다른 견해도 있다).

'찰나' 는 수의 이름이었다

1보다 작은 마이크로(micro)의 세계에 대해서도 《진겁기》는 구체적으로 언급하고 있다. 다음 그림에서 보는 '분(分) → 리(厘) → 모(毛) → 사(絲)→ …'가 그것인데 준순(逡巡 : 망설임)은 '극히 적은 시간의 머뭇거림'을 뜻하며, 찰나(刹那)는 '극히 짧은 한 순간'을 뜻한다.

그리고 1보다 한 단계 아래 단위를 '분'이라고 한다. 여기에서 분 바로 앞에 할(割)이 빠졌다고 의아하게 생각하는 사람이 있을지 모르겠다. 실제로 우리는 '3할 2푼 5리'라는 식의 단위를 사용하기 때문이다. 그런데 이 '할'은 《진겁기》에서 말하는 '분'에 해당한다. 원래는 1 바로 밑에 분이었지만 훗날 할로 사용하게 된 것이다.

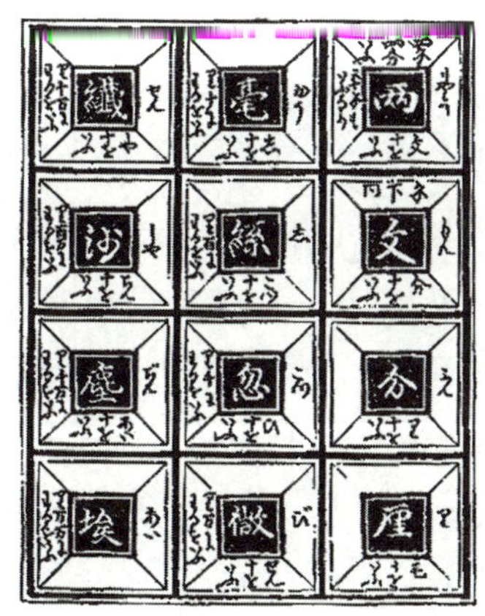

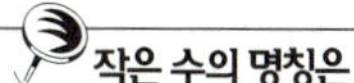

작은 수의 명칭은

작은 수는 '分, 厘, 毛, 絲, 忽, 微, 纖, 沙, 塵, 埃, 渺, 漠, 模糊, 逡巡, 須臾, 瞬息, 彈指, 刹那, 六德, 虛, 空, 淸, 淨'의 순서로 되어 있다.

선교사 스피놀라에 의해 발전한 화산

프란체스코 자비엘이 표류하다 다네가(種子)섬에 상륙한 이래 수많은 선교사들이 일본 땅을 밟게 되었다. 그 중 한 사람이 이탈리아 사람 카를로 스피놀라(Carlo Spinola, 1564~1622)였다. 그는 고국 이탈리아에서 수학자 크라비우즈 문하에서 공부를 하던 중 뜻한 바 있어 두 차례에 걸쳐 항해를 시도했지만 번번이 실패하다가 결국 1602년에 나가사키(長崎)에 상륙했던 것이다. 스피놀라는 1604년부터 7년 동안 교토(京都)의 천주교회에서 포교활동을 하면서 남는 시간을 이용하여 그 고장사람들에게 수학을 가르쳐 주었다. 그는 1618년 관헌에게 체포되어 1622년 화형(火刑)에 처해졌다.

그런데 앞에서도 언급했듯이 《진겁기》가 중국의 《산법통종》을 번역한 책이라고 알려지고 있지만, 스피놀라가 모오리 시게요시(毛利重能, 나눗셈서의 저자), 요시다 미쓰요시(吉田光由, 진겁기 저자), 모모가와 쥬베이(百川忠兵衛) 등에게 직접 수학을 지도했다는 추측을 낳게 한다. 왜냐하면 당시의 화산가로서는 도저히 생각해낼 수 없는 어려운 방법(예컨대 뉴턴의 근사법)을 많이 사용하고 있기 때문이다.

모오리 시게요시나 요시다 미쓰요시를 가르치고 안 가르치고를 떠나 스피놀라의 포교활동을 살펴보면 분명히 수학을 의식하고 있었다는 사실을 알 수가 있다. 그는 일본에 체류하는 동안 고국 이탈리아에 68통에 달하는 편지를 써보냈는데 그 중 1606년의 서신에는 다음과 같은 기록이 남아 있다.

"수학은 친밀한 분위기를 만들어 특권층을 파고드는 데 매우 큰 도움이 되고 있습니다. 그들은 이와 같은 형태의 과학을 무척 좋아하는 편입니다. 그래서 고관이나 장군들도 내 소문을 듣고 자기 집에 초청하는 일이 많습니다. 포교를 위해서는 우선 현지인으로부터 존경을 얻어야 합니다. 곰곰이 생각해 보면 제가 수학을 배워서 일본에 온 것은 참으로 잘한 일인 것 같습니다."

이 서신내용을 미루어 보면 수학이 전도(傳道)의 도구로서 매우 유익했다는 것을 알 수 있다. 그러나 이런 일도 오래 가지 못하고 일본에서는 1614년부터 천주교에 대한 탄압이 심해졌다. 거의 비슷한 시기에 크라비우스의 가르침을 받은 마테오 리치(Matteo Ricci, 중국식 이름은 이마두)는 중국 명나라 왕조의 비호를 받으면서 포교활동을 전개했는데, 특히 수학, 과학분야에 큰 족적(足跡)을 남겼을 뿐만 아니라 유클리드의 《기하학원론》까지 번역하였다.

이들은 선교활동을 하면서 다른 한편으로는 지적(知的) 활동으로 큰 공적을 남겼다. 만약 이들이 신분의 안전을 보장받고 좀더 오래도록 활동을 했다면 화산은 다른 각도에서 더욱더 크게 진전되었을 것이 틀림없다. 일본의 화산은 선교사들에 의해 개발되었으며 천주교 신자들에 의하여 발전되었다고도 할 수 있다.

'기름 나누기 셈'은 두뇌운동이 된다

옛날에는 간장이나 기름, 소금 같은 것이 모자라면 이웃집끼리 서로 나누어 썼는데 《진겁기》에는 그때 사용하던 '기름 나누기 계산법'이 수록되어 있다. 거기에는 다음과 같은 내용이 실려 있다.

예를 들어 '어떤 통 속에 한 말(10되)의 기름이 들어 있는데 이것을 7되들이 말과 3되들이 말을 사용하여 정확히 절반으로 나누는 방법'을 질문하고 있다. 일반적인 퀴즈에서라면 '기름통을 옆으로 비스듬히 기울여 5되 정도가 되게 한다'는 정도의 해법이 제시되겠지만 여기에서는 그런 방법이 통하지 않는다.

그렇다면 다른 방법을 생각해 보자. 편의상 10되들이, 7되들이, 3되들이 통을 각각 A, B, C라고 해둔다. 먼저 A에 있는 기름을 B에 가득 채운다. 다음은 B에 있는 기름을 C에 채워준다(→ A, B, C는 3되, 4되, 3되가 된다). 이런 상태에서 C의 기름을 A에게 되돌려주고 빈 상태가 된 C에게 B의 것을 붓는다. 그러고 나서는 C에 있는 기름을 또다시 A에게 되돌려 준다(→ A, B, C는 각각 9되, 1되, 0되가 된다). 이때 B의 기름(1되밖에 되지 않는 기름)을 C에 쏟아 붓는다. 그런 후에 A에 있는 기름을 B에게, B에 있는 기름을 C에 채운다. 이렇게 되면 B의 7되 중 2되를 C에 붓게 되어 B통에는 5되가 정확히 남게 되는 것이다.

그런데 《진겁기》에서의 해법은 앞서의 방법과 다른데 이를 눈여겨보도록 하자.

■ 어떤 식으로 5되로 나눌 것인가

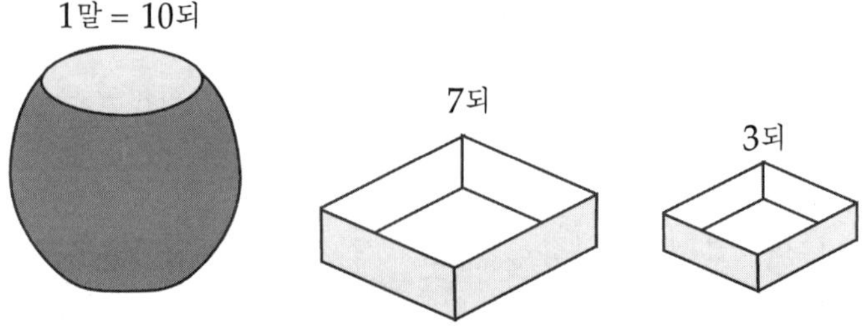

■ 《진겁기》 중에 나오는 기름 나누기 셈의 예

  우선 3되들이 되로 7되들이 되에 3번 넣는다고 했을 때, 3되들이에는 2되가 남게 된다. 이렇게 되었을 때 7되들이 되에서 3되들이 되를 채우면 7되들이 되에는 5되가 남게 된다고 기록되어 있다. 분명히 3되들이 되로 3번 퍼올려 그것을 7되들이 속에 넣으면 7되들이는 가득 채워지고 3되들이에는 2되만이 남게 된다. 이때 7되들이의 기름을 본래의 한 말들이 용기에 되돌려준 다음 빈 7되들이 되에 3되들이의 2되 분을 넣어주고 다시 3되들이로 기름을 퍼올려 7되들이에 넣어 주는 방법이다. 혹시 독자들께서 또 다른 방법이 있는지 생각해 주기를 바란다.

  번거로운 발상으로 풀어낸 '기름 나누기' 문제. 그러나 언제까지나 시행착오만 되풀이해서는 발전이 없다.

  실은 여기에는 하나의 법칙이 있다. 아래와 같은 방법을 꼭 익혀두기 바란다.

■ 「기름 나누기 법칙」

1. B가 비어 있을 때에는 A로부터 B에 가득 붓는다.
2. B에 기름이 들어 있을 때에는
    ① C가 가득 차지 않으면 B의 기름으로 C를 가득 채운다.
    ② C가 가득 차면 그것을 A에게 되돌려주되 ①을 반복한다.

의붓아들에게 상속권 물려주기

예전에는 각 가정마다 비교적 자녀들이 많았다. 따라서 재산의 상속분규도 잦았던 게 사실이다. 이와 관련하여 《진겁기》에는 '30명의 자녀를 둔 어느 가정에서 누구에게 가계를 잇게 할 것인가'에 대한 문제가 나온다. 그런데 30명 중 15명은 친자식이고 나머지 15명은 의붓자식이다. 어머니는 아래의 그림처럼 아이들을 둘러 앉히고 '10번째에 해당하는 아이를 제외시켜 나가다가 마지막에 남는 아이에게 가계를 잇게 한다'는 원칙을 세웠다.

아이들은 그림에서 보는 것처럼 무작위로 원을 이루고 앉아 있다. 그런데 막상 10번째 아이를 순차적으로 제외시켜 갔더니 제외되는 아이들은 모두가 의붓아들뿐이었다. 그래서 마지막에 남겨진 의붓아이가 "이런 식은 너무 불공평해요. 이제부터는 저부터 먼저 세도록 해주세요." 하고 말했다. 그래서 그 아이의 요구대로 했더니 어찌 된 셈인지 그 아이가 마지막으로 남게 되었다. 그렇다면 그 아이는 어느 위치에 앉아 있었을까?

■ 문제는 친자식과 의붓자식을 어떻게 앉히느냐이다

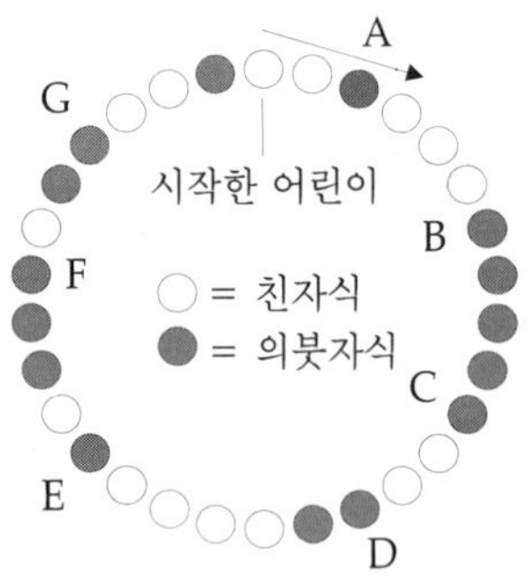

난파선으로부터 버림을 받아 고기밥이 된 터키인

'의붓아들 상속권 물려주기'의 이야기가 나오면 으레 대두되는 것이 난파선을 함께 타고 가던 크리스천과 터키인 이야기이다.

이들은 난파선에 함께 승선했는데 크리스천과 터키인이 각각 반반씩이었다. 그런데 이 배가 항해 도중 심한 폭풍우를 만나 침몰 위기에 처하였다. 배가 서서히 기울기 시작하여 배를 구하려면 승객을 절반으로 줄이지 않으면 안 될 상황이 되었다. 선장은 마침내 결단을 내렸다.

"이대로 가다가는 모두 바다에 빠져 죽을 수밖에 없소. 지금부터 승선자를 세어 나가다가 9번째에 해당하는 사람은 무조건 바다에 버려야 되겠소."

이렇게 해서 절반을 바다에 던져버렸는데 공교롭게도 남아 있는 사람 모두가 크리스천이었다고 한다. 어떻게 이런 결과가 나오게 된 것일까?

'의붓아들 상속권 물려주기'의 원리는 요셉스의 지혜

'의붓아들 상속권 물려주기'와 '난파선' 이야기는 서기 370년 경에 씌어진 〈요셉스의 이야기〉 속에 나오는 것이라고 한다.

어느 날 요셉스 일행이 적군에게 포위되어 전멸의 위기에 놓이게 되었다. 이때 절반에 가까운 사람이 "어차피 적군의 손에 죽게 될 바엔 모두 자결하자"고 주장했다. 그러나 살고 싶다는 의사도 만만치 않았다. 이와 같은 생각은 요셉스도 마찬가지였다. 잠시 후 요셉스는 "자결은 일단 뒤로 미루고 모두 원형으로 둘러앉아 수를 세어 나가다가 세 번째에 해당하는 사람만 죽게 하자"고 제안했고, 모든 사람들이 찬성했다.

이때 요셉스는 친구와 자리를 바꾸어 앉아(수를 세기 시작하여 16번째와 31번째) 목숨을 구했다고 한다.

■ 요셉스와 친구가 앉았던 자리의 위치

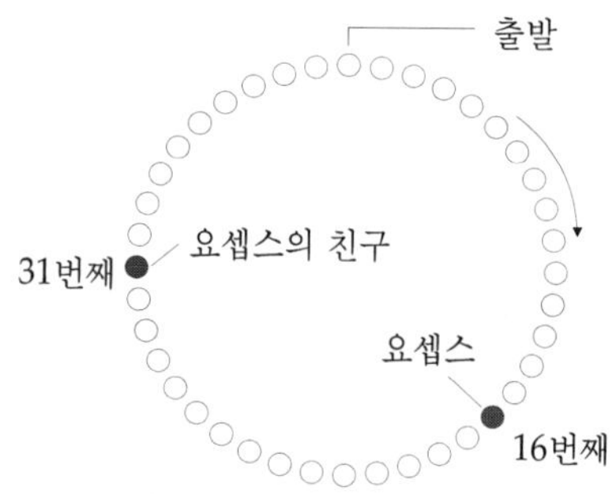

'학·거북 셈'을 넓이로 바꾸어 풀면

중학교에 진학하면 방정식이 등장하여 '학·거북 셈' 따위는 쉽게 해결되지만, 두뇌회전 운동으로는 그런 대로 재미가 있다. 한편 이 셈을 넓이로 바꾸어 놓고 생각할 수도 있다.

우선 '학·거북 셈'을 구체적으로 설명한다면, 학의 발이 2개, 거북이의 발이 4개라는 각기 다른 조건을 이용하여 '만일 전부가 학이라면?' 하는 식의 가정으로 이야기를 전개해 나가다가 싫증이 날 때에는 다른 것으로 바꾸어 보는 방식이다.

예를 들어 '학과 거북이가 모두 10마리 있다. 발을 세어 보았더니 34개였다. 그렇다면 학과 거북이는 각각 몇 마리씩인가?' 라는 문제이다.

만약 모두가 학이라면 발의 개수는 20개여야 한다. 그런데 실제로는 34개로 14개가 더 많다. 이 같은 현상은 10마리 가운데 몇 마리의 거북이가 섞여 있기 때문인데, 거북이 발의 증가분($4-2=2$)만큼 거북이가 있다는 것이므로 $14 \div 2 = 7$마리, 따라서 거북이가 7마리, 학이 3마리라는 결론이 나온다.

그렇다면 이번에는 넓이를 가지고 생각해 보자.

'한 달 저축액 20,000원을 목표로 매일 800원씩 저축을 해나가다가 며칠 후 하루에 2,000원으로 금액을 상향 조정하였다. 그랬더니 16일째에 20,000원이 되었다. 그렇다면 800원씩 저축한 것은 며칠 동안일까?' 라는 문제이다. 학·거북 셈의 방식으로 매일 2,000원씩 저축해 나갈 경우(800원이라도 상관없음)의 모순을 이용한 것이다.

다음 그림을 보면 알 수 있듯이 학·거북 셈을 넓이로 바꾸어 생각하면 이해하기가 쉽다.

기원은 치토산(雉兎算)

학·거북 셈은 중국의 《손자산경(孫子算經, 1700년 정도의 옛날 저서)》에서 유래되었다고 한다. 그런데 《손자산경》에서는 학과 거북이 아니라 꿩과 토끼가 등장하기 때문에 치토산이라고 한다.

■학 · 거북 셈을 넓이로 바꿀 수 있다

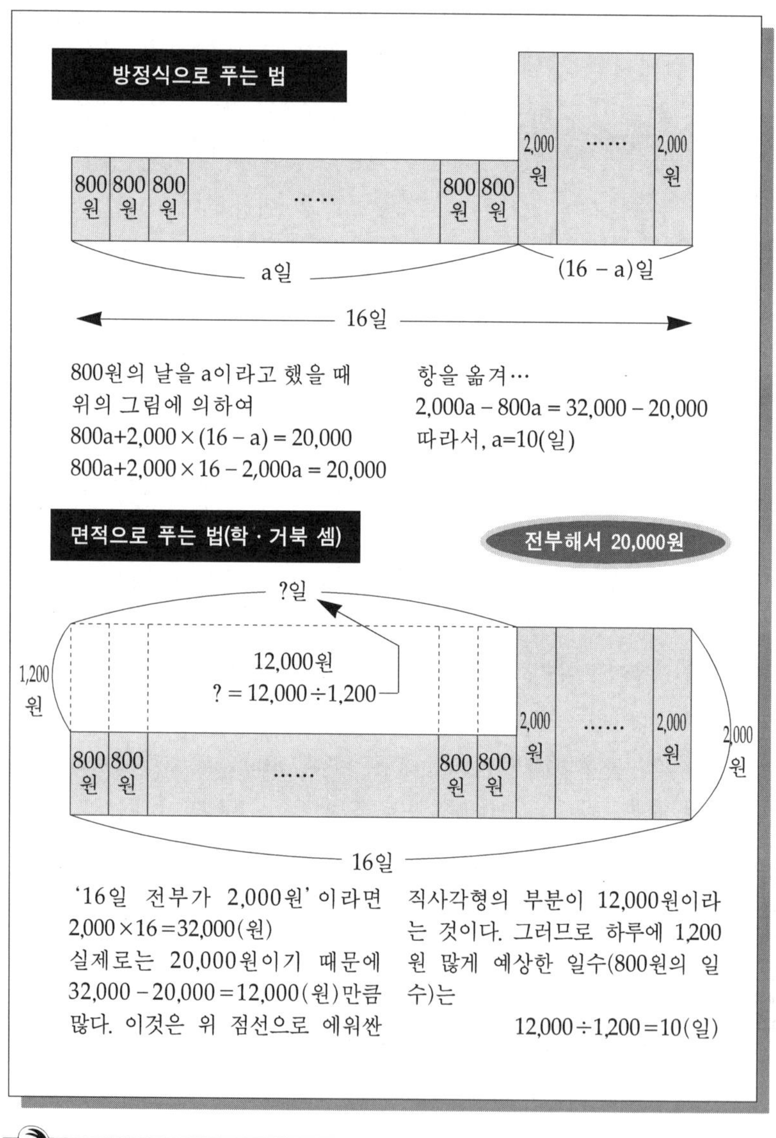

800원의 날을 a이라고 했을 때
위의 그림에 의하여
$800a+2,000 \times (16 − a) = 20,000$
$800a+2,000 \times 16 − 2,000a = 20,000$

항을 옮겨…
$2,000a − 800a = 32,000 − 20,000$
따라서, a=10(일)

'16일 전부가 2,000원'이라면
$2,000 \times 16 = 32,000$(원)
실제로는 20,000원이기 때문에
$32,000 − 20,000 = 12,000$(원)만큼
많다. 이것은 위 점선으로 에워싼

직사각형의 부분이 12,000원이라
는 것이다. 그러므로 하루에 1,200
원 많게 예상한 일수(800원의 일
수)는

$12,000 \div 1,200 = 10$(일)

방정식의 유래

'방정(方程)'이라는 말은 중국 기원전 2세기의 수학책 《구장산술》에서 볼 수 있다. 이 책은 중국 고대
의 수학을 집대성한 것으로 유클리드의 《기하학원론》에 해당한다.

착각하기 쉬운 나무 심기

'나무 심기 셈'은 초등학교 산수에서는 빼놓을 수 없는 사고방식이다.

그림에 제시되어 있는 문제를 살펴보자. '40미터의 도로에 2미터 간격으로 철쭉나무를 한 그루씩 심어 나가면 모두 몇 그루가 필요한가' 라는 문제이다. 여기에서 단순히 40÷2＝20이라는 생각에서 20그루라고 대답해 버리면 출제자의 함정에 빠지고 만다. '출발 시점에서 한 그루를 심는 것'이 포인트이다.

■ 처음 한 그루에 조심할 것

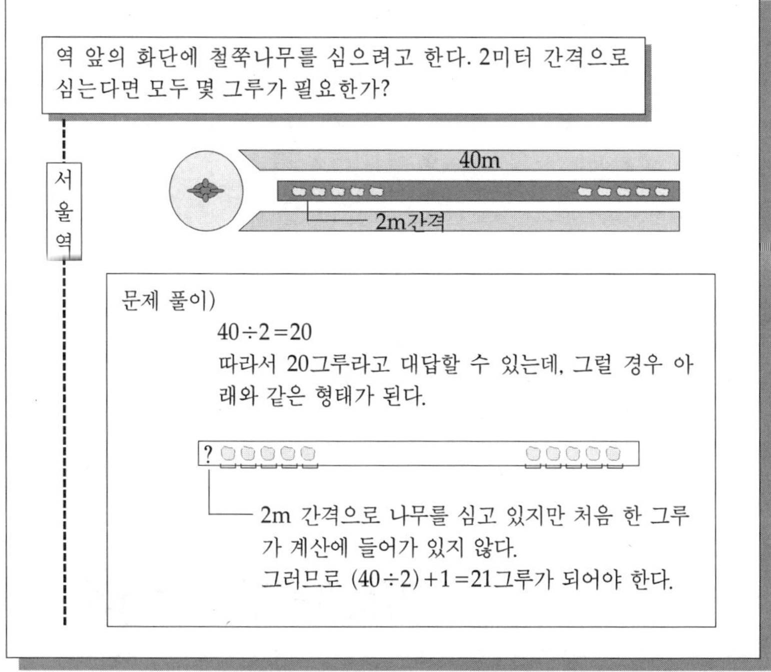

■ 연못 둘레에 심을 경우는 왜 다른가?

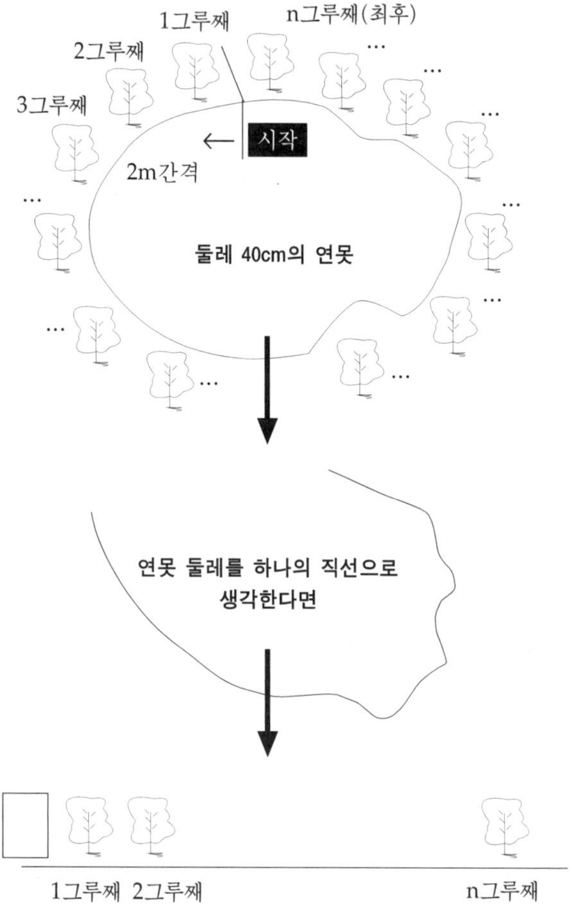

출발 지점에 나무를 심지 않아도 연못의 경우는 마지막 한 그루
가 출발 지점과 겹치게 되므로

$$40 \div 2 = 20그루 \ (답)$$

문제

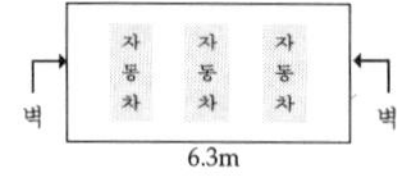

폭 6.3m의 주차장에 폭 1.7m의 자동차 3대가 가지런히 주차해 있다. 자
동차끼리의 간격은? 이 경우 그 간격을 $(6.3 - 1.7 \times 3) \div 3 = 40cm$라고 대
답한다면 틀린 답이다. 간격은 4군데이기 때문이다.

나무 심기 셈은 직선의 경우와 '연못 둘레에 나무를 심는' 형태로 구분된다. 연못 둘레형은 앞 페이지 그림에도 표시하였듯이 '최초의 한 그루'에 대해 신경을 쓰지 않아도 된다는 점이 직선의 경우와 다르다. 이는 '출발 지점＝마지막 지점'이기 때문이다.

다소 유형이 다른 자동차 주차간격 문제를 앞 페이지 아래쪽 난에 제시해 두었으므로 잘 생각해 보기 바란다. 자동차가 3대이므로 간격도 3개가 생긴다는 발상을 하면 나무 심기 셈처럼 덫에 걸리고 만다.

두뇌운동을 겸한 '미인사냥 계산서'

클레오파트라나 양귀비 같은 미녀를 머리에 떠올릴 때 옛 한량들은 으레 이름난 요정을 연상한다. 거기에는 절세의 미녀들뿐만 아니라 창이나 거문고에 능한 이들이 아주 많다. 그들은 감정도 풍부하고 애교도 넘쳐흐른다. 그러나 그런 여인들에게 구혼하는 사내는 얼빠진 사람이다. 그곳 여성들은 한결같이 "100일 밤만 계속 찾아오시면 결혼할게요"라고 말하는데 이 말을 믿고 99일 밤을 줄곧 찾아왔던 한 사나이가 하룻밤을 채우지 못하고 죽었다는 이야기도 있다.

■ 이것이 미인사냥 계산서

$$1+23-4+56+7+8+9=100$$

$$(1+2)\times3-4+(5+6)\times7+8+9=99$$

■ 자동차 번호로 숫자놀이를?

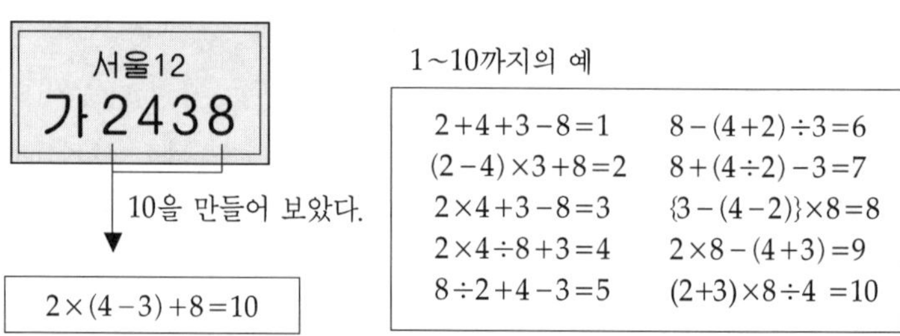

이처럼 외도를 위해 쓰여진 돈을 셈하는 투의 계산이 '미인사냥 계산서'이다. 즉, 1~9까지의 수를 모두 사용하여 99(또는 100)로 만드는 방식이다.

우리들이 흔히 자동차를 타고 가다가 심심풀이로 앞 차의 번호판 네 자리 숫자를 사용하여 10을 만드는 등의 놀이를 즐기기도 하는데, 이것이 바로 이 셈의 원조라고 할 수 있다. 그러나 1~9까지의 숫자를 전부 사용하여 100 또는 99가 되도록 하는 것은 생각보다 매우 어렵다.

'과부족 셈'은 초등학교 산수의 꽃

'학·거북 셈'만큼은 유명하지 못하지만 계산에서 가끔 발생하는 '과부족 셈'도 재미가 있다. 이 과부족 셈을 쉽게 이해하기 위해 흥미로운 예 하나를 들어보기로 하자.

어느 날 밤, 도둑들이 시골 포목점에 몰래 숨어 들어가 원단을 훔쳐 외딴곳 다리 밑으로 가지고 가서 서로 나누어 갖게 되었다.

그런데 8필씩 나누면 7필이 모자라고 7필씩 나누면 8필이 남는다. 이것을 단서로 '훔친 포목의 수와 도둑의 수'를 알 수 있다.

지금 상태로는 도둑의 숫자를 알 수 없지만 그림을 보면 쉽게 알아낼 수 있다.

아래 첫번째 그림에서 도둑의 수는 7+8=15라는 것을 알게 된다.

15명에게 7필(15×7=105)씩 분배하면 8필이 남기 때문에 전체적으로 105+8=113필을 훔쳤다는 결론이 나온다. 이처럼 과부족 셈을 면적도로 나타내면 이해하기도 쉽고 계산도 빠르다.

■ 과부족 셈은 면적도를 통해 이해할 수 있다

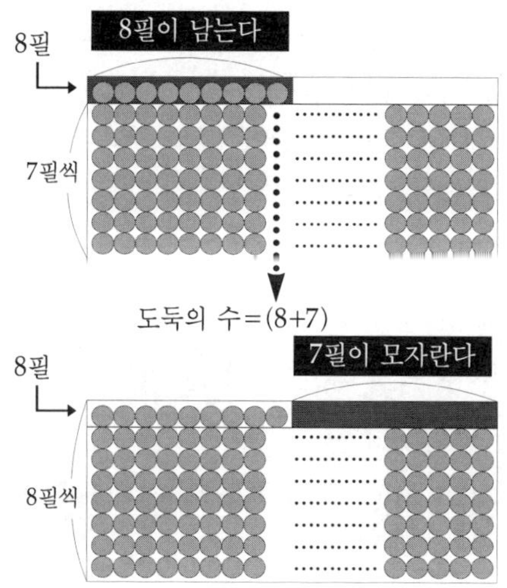

위 문제를 방정식으로 푼다면

도둑놈을 x명으로, 훔친 포목을 y필로 한다면 7x+8=y, 8x-7=y. y가 공통이므로 7x+8=8x-7이다. 이것을 풀면 x=15(명)가 된다. 따라서 y=7×15+8=113필이 된다.

산가지에 의한 곱셈은 어떻게 하는가

산가지에 대해서는 앞에서 이미 언급하였다. 여기서는 산가지를 사용한 곱셈, 나눗셈에 대해 이야기해 보자.

우선 아래 그림처럼 1의 자리에서는 세로로 세워 1~5까지 나타낸다. 그리고 6~9까지는 세워 둔 산가지 위에 산가지를 하나씩 올려 나타낸다. 10 이상의 수치는 산가지를 옆으로 눕혀 늘어놓음으로써 숫자를 나타낸다. 50 이상의 수치는 좀 굵은 산가지를 사용한다. 100의 자리는 1의 자리처럼 세워서 표시하고, 1,000의 자리는 10의 자리처럼 옆으로 눕혀서 표시하되 번갈아 나타낸다. 그러므로 착각을 하거나 혼란을 일으킬 우려는 없다.

그러면 35×27의 셈을 한 번 해보도록 하자. 그림 A처럼 한가운데를 열어 두고 산가지로 35와 27을 만든다. 곱셈의 답은 열어 둔 한가운데에 표시하게 된다. 우선 27을 그림 B처럼 35의 앞머리 숫자(☰) 밑에 이동시킨다. 이렇게 하여 2와 7을 각각 3에 곱하여 그 결과를 산가지로 나타낸다(그림 C, D).

■ 산가지를 놓는 요령에 따라 수치가 정해진다

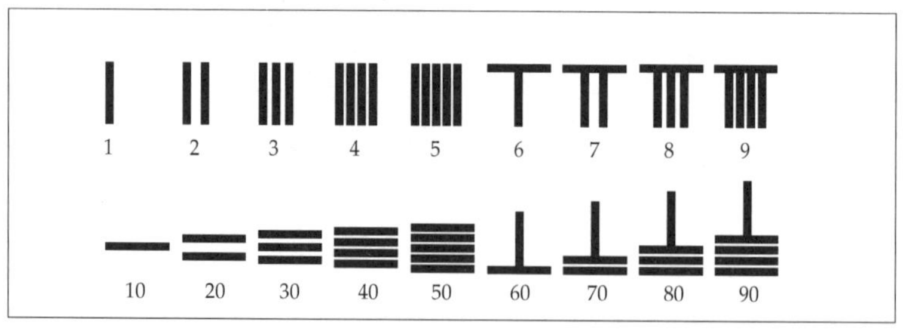

■ 산가지에 의한 곱셈

A
← 35
답이 들어→
가는 란
← 27
B
← 이동
C
← 2 × 3 = 6
D
6
21
81
7 × 3 = 21
E
이동→
F
2 × 5 = 10
7 × 5 = 35
135
81
135
945

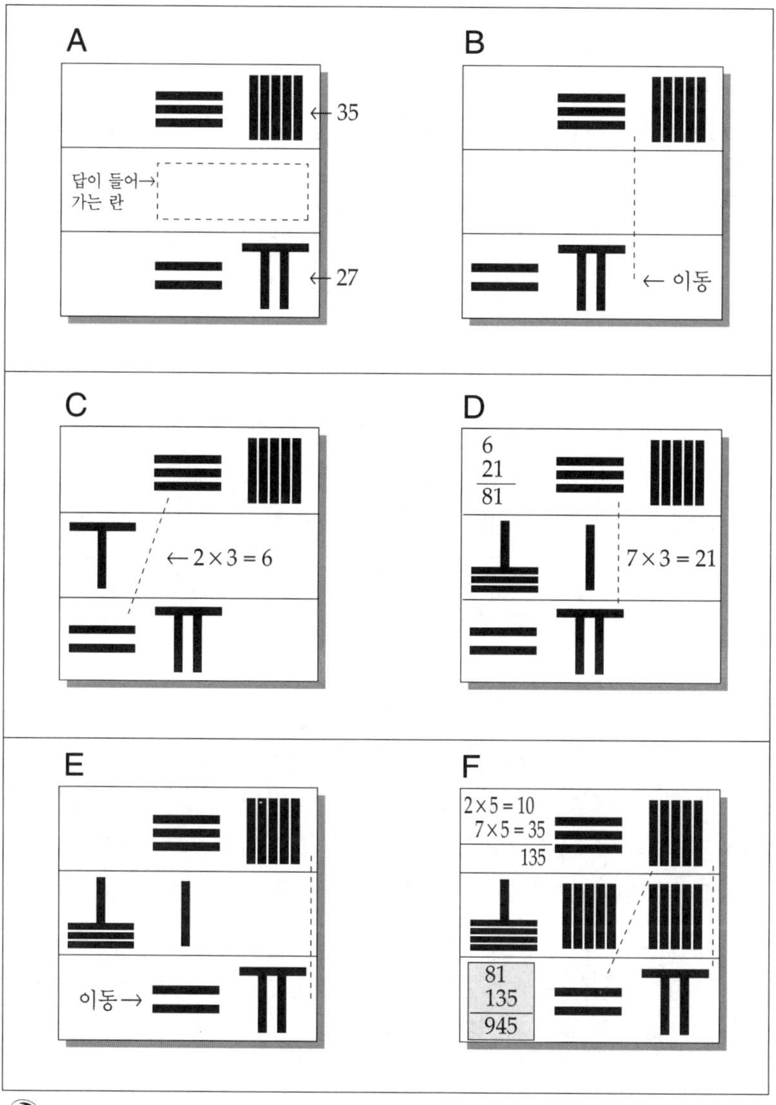

그것이 끝나면 27을 오른쪽으로 한 자리 이동시켜 동일한 계산을 한다(그림 E, F). 이것이 산가지에 의한 곱셈이다.

산가지로 나눗셈은 어떻게 할까

산가지를 이용한 곱셈은 별로 어렵지 않았다. 왜냐하면 수판셈과 붓셈(필산)의 방법이 비슷하기 때문이다.

그러면 산가지를 이용해 어떻게 나눗셈을 하는지 알아보자.

945를 35로 나누기 위해서는 우선 다음 페이지 그림 A처럼 945와 35를 둔다. 이번에는 답이 제일 위로 올라오게 된다(필산에 의한 나눗셈과 같다). 나누는 수 35를 최상위끼리 가지런히 이동시킨다. 답으로서 2가 세워지기 때문에 9에서 3×2를 뺀 수를 산가지로 나타낸다. 다음으로 5에도 2를 곱하여 35에서 $10(5 \times 2)$을 뺀다. 이렇게 하여 나누는 수를 한 자리 오른쪽으로 비켜 놓고 같은 식의 계산을 하는 것이다.

수판셈도 그렇지만 곱셈은 머리를 쓸 필요가 없다. 단순히 곱해 나가면(구구법을 알아두면 좋다) 답이 나온다.

이에 비해 나눗셈은 머리를 쓸 필요가 있다. 연습문제가 출제되었을 때에는 간단히 풀 수 있는 것도 실생활에서는 그렇게 호락호락하지 않다. 이럴 경우 검산법의 하나로서 '나온 답을 나눈수와 곱해 보면' 맞았는지 틀렸는지 알 수 있다.

산가지로 곱셈, 나눗셈뿐만 아니라 연립방정식(1차)이나 고차방정식(미지수가 하나)도 풀 수 있다.

■ 나눗셈은 곱셈보다 어렵다

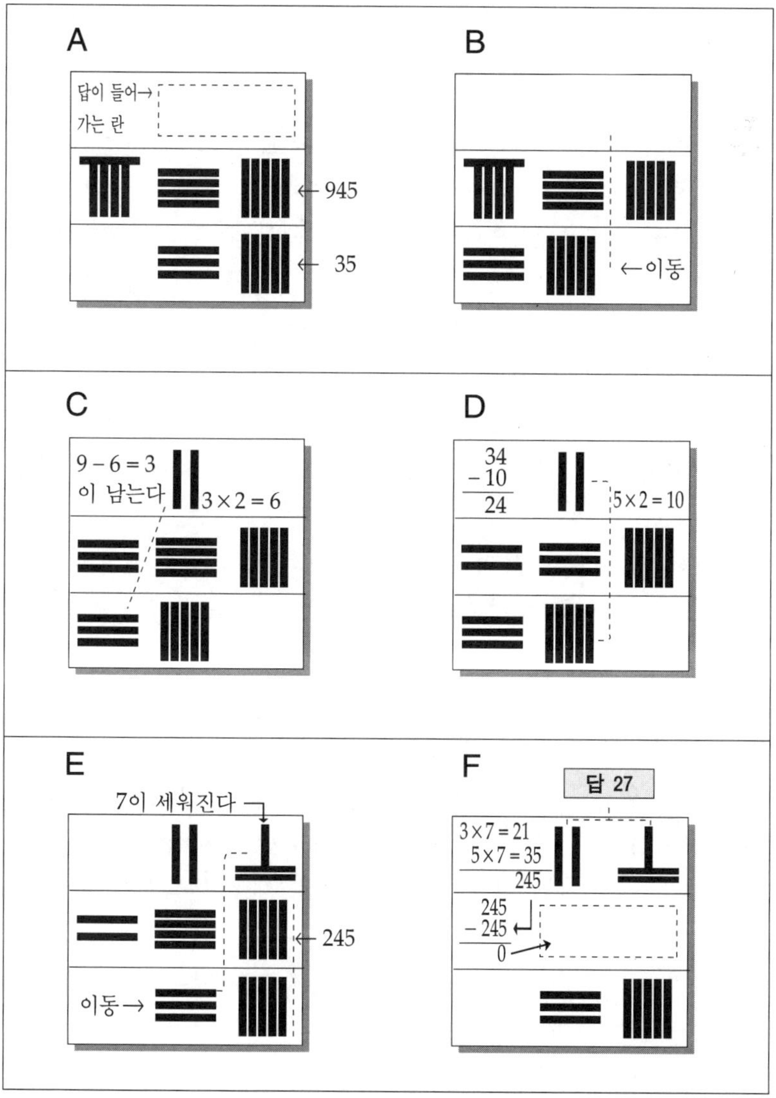

A

답이 들어→
가는 란

← 945

← 35

B

←이동

C

9 − 6 = 3
이 남는다

$3 \times 2 = 6$

D

$$\begin{array}{r} 34 \\ -\ 10 \\ \hline 24 \end{array}$$

$5 \times 2 = 10$

E

7이 세워진다

← 245

이동→

F

답 27

$3 \times 7 = 21$
$5 \times 7 = 35$
$\overline{245}$

$$\begin{array}{r} 245 \\ -\ 245 \\ \hline 0 \end{array}$$

'마방진 놀이'는 두뇌운동으로도 좋다

마방진(魔方陣)은 일명 방진(方陣)이라고도 부르는데, 자연수를 방형(方形)으로 배열하여 세로나 가로, 대각선으로 합친 수가 똑같게 되는 것이다.

중국에는 이에 대한 전설이 전해져 오고 있다. 중국은 해마다 물난리로 수많은 전답과 가옥이 침수되어 그 피해가 매우 컸다. 그래서 고대부터 국정의 제1목표가 관개와 치수(治水)였는데, 우(禹)왕은 치수공적이 가장 큰 상징적인 인물이다. 태고의 요(堯)임금과 순(舜)임금이 대규모의 치수공사에 성공하고 순임금이 자리를 물려준 상대가 바로 우임금이다.

우왕이 낙수(낙수 : 중국 섬서, 하남의 두 성을 흐르는 강)에서 제방공사를 하고 있을 때였는데 공사가 매우 어려워서 고민하고 있었다.

그러던 어느 날 거북이 한 마리가 나타났는데, 그 거북이의 등 문양이 방진형처럼 생겨 가로, 세로, 대각선 모두가 균형을 갖추고 있는 것을 보고 힌트를 얻어 그 어려운 공사를 무난히 마무리지었다고 한다. 이 방진의 문양에 숫자를 옮겨 놓은 것이 지금의 마방진 놀이라고 전해지고 있다.

다음 그림은 마방진 놀이의 하나인데, 3방진[3×3＝9매스(mass)]이라면 1~9까지의 수를, 4방진(4×4＝16매스)이라면 1~16까지의 수를 한 번씩만 사용하여 가로, 세로, 대각선의 합이 똑같게 하는 퍼즐 게임이다.

일종의 두뇌운동이라고 할 수 있는데, 3×3의 경우 그 해법을 소개해 두었으므로 응용해 보기 바란다.

■ 마방진 만드는 법

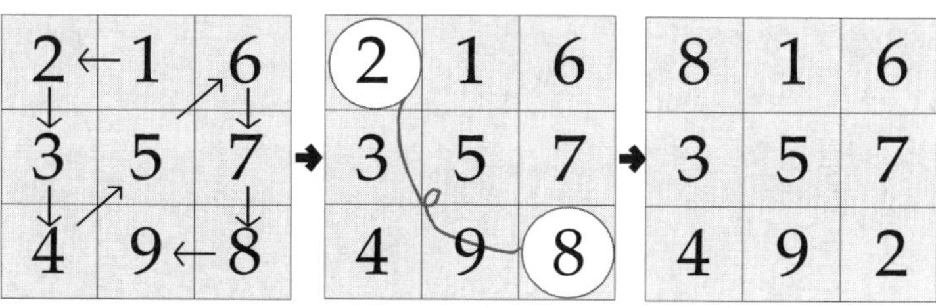

숫자를 늘어놓는다
1~9까지의 숫자를 화살표 순서에 따라 배열한다.

숫자를 서로 바꾼다
2와 8의 숫자를 서로 바꾸어 놓는다.

드디어 성공!
가로나 세로, 또는 대각으로 3개의 숫자를 합치면 그 답이 15가 된다.

6

카오스, 프랙탈 …
궁극의 기하학에 도전!

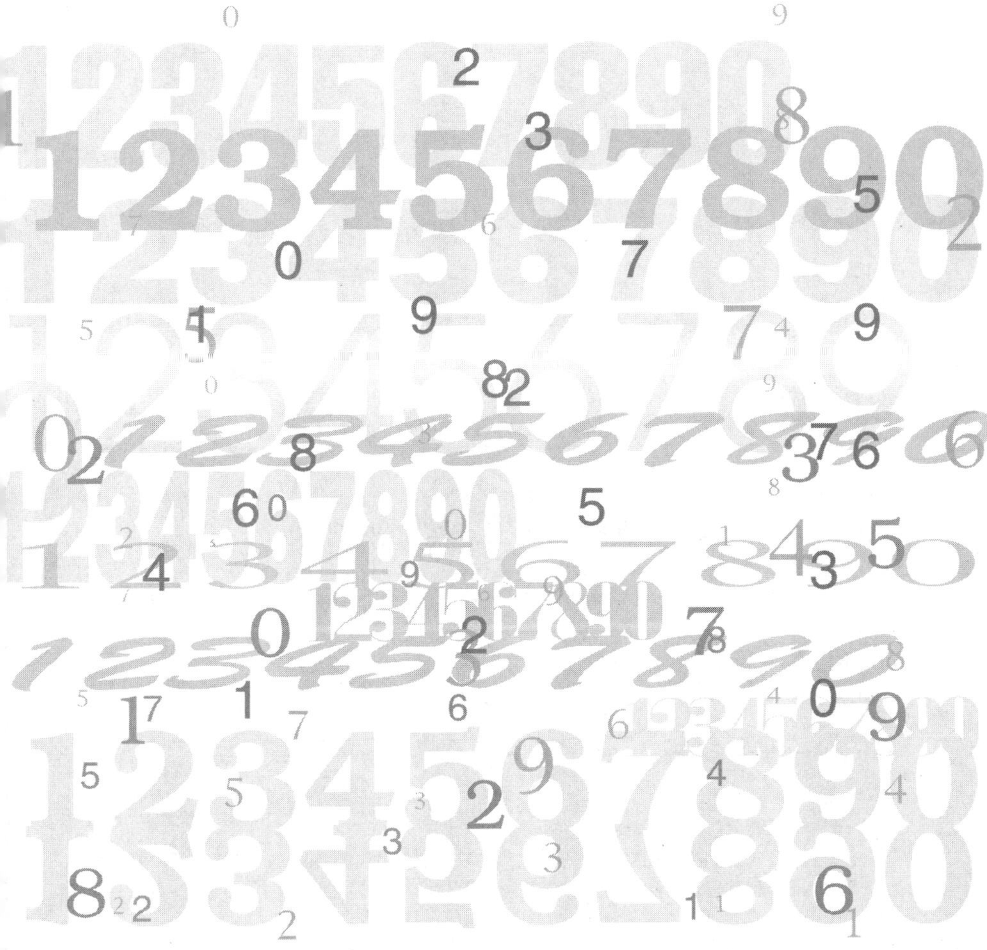

가장 빠른 곡선은 어느 것인가

스키장에서 리프트를 타고 꼭대기까지 올라가면 대부분 상급자 코스와 초급자용 우회 코스가 있다. 당연히 일직선으로 내려가는 것이 최단거리지만, 그것이 가장 빠른 코스인가 하면 그렇지도 않다.

아래 그림처럼 3개의 코스가 있을 경우, 그 중에서 가장 빠른 코

■ 스키장의 A~C 코스 중 어느 것이 가장 빠른가?

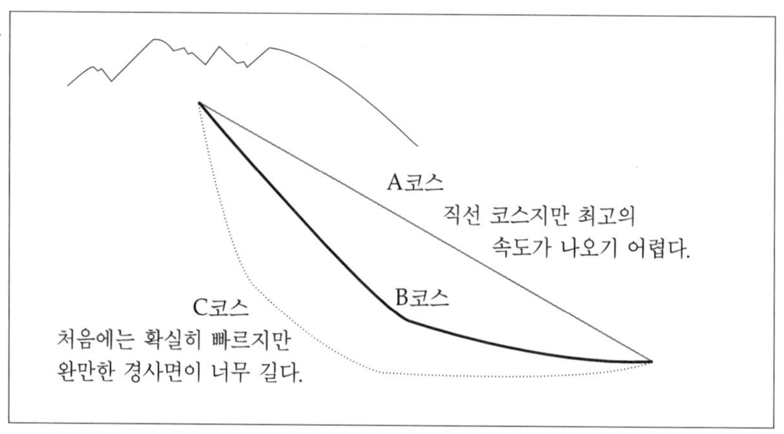

■ 사이클로이드 곡선은 이렇게 만들어진다

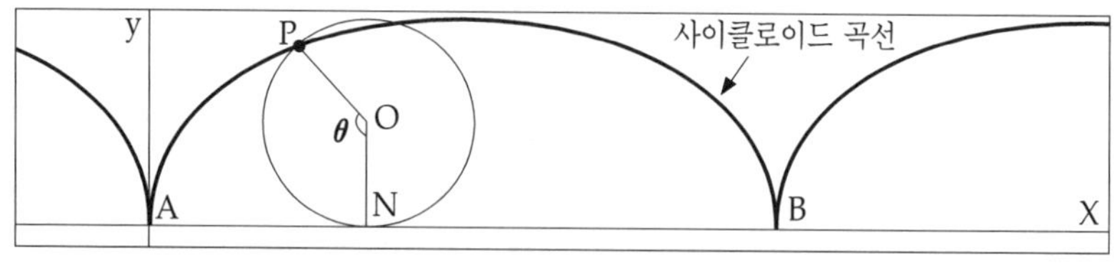

사이클로이드 곡선의 지붕

한옥 건물을 지을 때 사이클로이드 곡선을 응용하기도 한다. 이와 같은 구조의 건물은 비가 많이 내려도 빗방울이 빨리 땅으로 떨어지기 때문에 건물에 대한 피해가 적다.

스는 B코스이다. A는 가장 최단거리지만 중력이 실리지 않고서는 결코 가장 빠른 속도를 낼 수 없다. C코스는 가장 빠르긴 하지만 거리가 길기 때문에 최단거리 코스라고 할 수 없다. B코스는 사이클로이드라는 곡선으로 원을 회전시킬 때 원둘레 위의 한 정점 P가 그리는 궤적으로 가장 빠른 코스라고 할 수 있다.

꿈 속에서의 사이클로이드 특급열차

서울에서 부산까지 사이클로이드 곡선 터널을 이용하여 간다면 어떻게 될까? 열차는 중력에 의해 지하터널을 최고속으로 달려 부산역에 시속 제로(0)가 되어 정차할 것이다. 레일의 마찰을 무시한다면 전혀 에너지가 필요 없는 획기적인 교통 시스템이 될 것이다.

레일의 마찰을 무시한다는 말은 현실과 동떨어진 것이므로 부산역에 도착하기 직전에 자력으로 달리면 된다.

특히 부산역에 도착했을 때 열차를 재빨리 멈추지 않으면 열차는 뒷걸음을 쳐서 서울로 되밀릴 것이다.

■ 선형보다 빠른 사이클로이드 특급

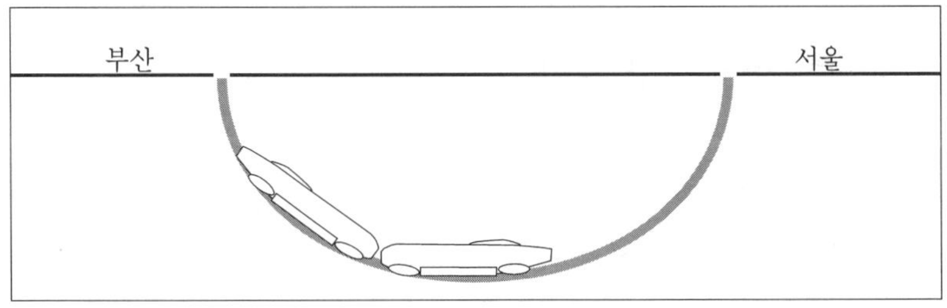

치통을 잊은 파스칼

1658년 어느 날 치통으로 몹시 괴로워하던 파스칼은 사이클로이드 곡선 이론에 생각을 집중한 탓인지 통증이 거짓말처럼 사라졌다고 한다. 40세의 짧은 생애 동안 병으로 고통받던 그에게 가장 평안한 8일 간이었다.

초밥 형태를 한 루로의 세모꼴

루로라고 불려지는 '초밥형'의 세모꼴이 있다. 정삼각형의 한 변을 반지름으로 하여 각 꼭지점에서 그림처럼 컴퍼스를 이용하여 초밥형으로 만든다. 이런 식이라면 중심에서 어디를 재든지 길이는 똑같으므로 이리저리 굴리더라도 높이는 늘 일정하게 된다. 자동차의 엔진은 보통 피스톤이 아래 위로 움직이는 레시프로케이팅 엔진인데, 중심으로부터의 거리가 똑같은 루로를 이용한 것이 로터리 엔진이다.

■ 중심으로부터의 거리가 똑같은 루로

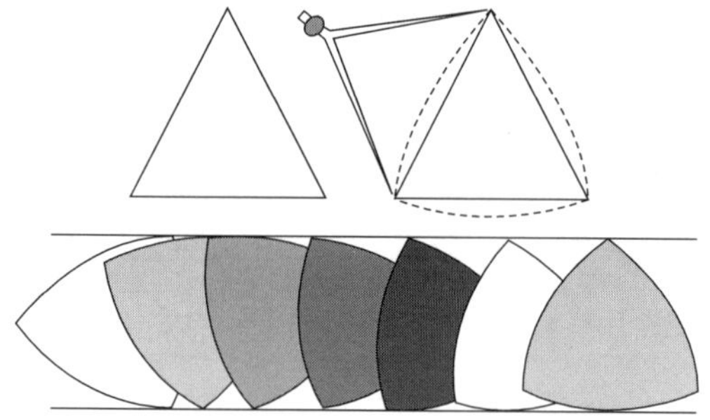

지구는 '비유클리드 기하학'으로 가득 차 있다

우리들이 배운 기하학을 보통 '유클리드 기하학'이라고 부른다. '평행한 직선은 교차하지 않는다'든가 '삼각형의 내각의 합은 180도'라는 원리를 극히 당연한 것처럼 사용하고 있지만, 19세기

기하학(幾何學)의 의미

기하(幾何)의 중국 발음은 지오(geo)로, geometry에서 유래하였다. 어찌 우리가 이것을 따라야 하겠는가.

들어 로바체프스키와 볼리아이에 의해 '비유클리드 기하학'이라고 불리는 수학이 발견되기 시작하였다.

조금도 어렵게 생각할 필요는 없다. 지구의 표면 자체도 '비유클리드 기하학'의 세계인 것이다. 지구의 표면은 '평면'이라는 전제하에 넓이를 측정하고 있다. 그런데 좁은 범위의 경우는 오차를 무시할 수 있지만, 넓은 지역은 그렇게 할 수 없다. 무엇보다 지구는 둥글기 때문에 삼각형 자체도 아래 그림처럼 구부러져 있을 것이다. 바로 이것이 '비유클리드 기하학'의 기본적인 사고방식이다.

■ 적도와 북극을 이어주는 270도의 대삼각형이 만들어진다

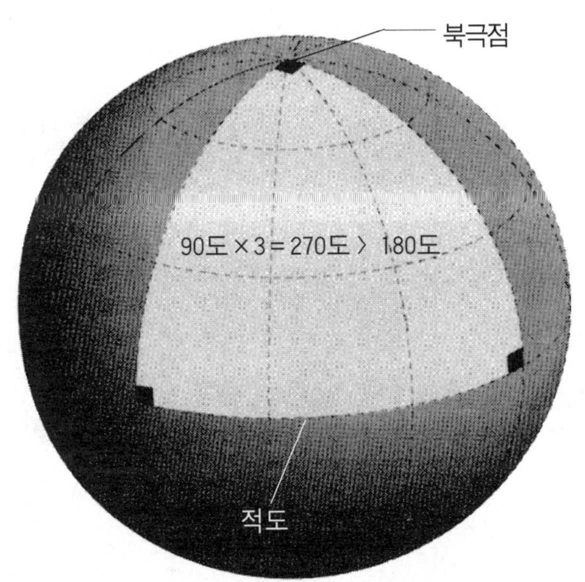

구면(球面) 삼각형의 넓이

위 삼각형의 넓이는 북극점에서 보면 90° = 360° / 4. 따라서 전체의 1/8이다. 지구의 반지름(r)을 6,400km라고 한다면 전체 겉넓이는 $4\pi r^2$ = 51,446만 km²이며, 따라서 넓이는 6,430만 km²이다.

자연계를 그려내는 프랙탈 기하

　최근에는 캠핑이 유행하고 있어 자연계의 현상인 여름철 소나기, 구름, 천둥소리, 끝없이 이어지는 푸른 산봉우리들을 볼 수 있는 기회가 많다. 거기에는 원이나 정삼각형 등 수학에서 흔히 다루어지고 있는 형태는 거의 존재하지 않는다. 주가(株價)의 움직임이나 뇌파 등도 규칙성을 발견해 내기 매우 어려운 복잡한 형태를 하고 있다. 때문에 다랑어는 왜 방추형(方錐形)인지, 달걀은 왜 타원형인지에 대해서는 어느 정도 해명할 수 있지만, 구름이나 번개, 산봉우리들이 '왜 그러한 모습을 하고 있는가'에 대해 설명을 한다는 것은 매우 어려운 문제라고 할 수 있다.

　바로 이러한 문제에 대해 등장한 것이 프랙탈(fractal) 이론으로, 프랙탈이란 '전부가 갖추어지지 않은 어중간함'이라는 뜻을 가지

일상 세계의 과학
우주나 은하계의 구조 같은 거시적인 세계, 톱쿼크(top quark) 등의 미시적 세계까지도 과학의 손길이 미치고 있지만, 산이나 강 등 일상 세계의 형태나 동태에 대해서는 과학이 매우 뒤떨어져 있다.

■ 인간의 체내에도 프랙탈이 있다

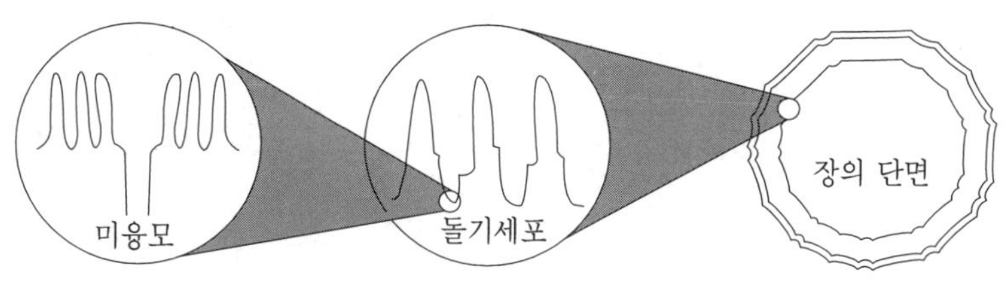

고 있다. 그러나 그 조각이나 일부를 유심히 들여다보면 전체의 모습을 연상케 하는 자기 닮은꼴의 특징을 갖고 있다.

앞의 그림은 프랙탈 기하의 제창자 이름이 씌어 있는 '멘들브로 드 집합'이다. 이 형태의 한 부분을 확대하거나 또 다른 부분을 확대한다 하더라도 어느 것이 큰지는 알 수 없다. 뒤에서 설명하 겠지만 도형의 한 부분을 확대하면 둥근 원조차도 직선에 가까워 져 결국은 접선을 그을 수가 있다. 바꾸어 말하면 프랙탈 기하란 미분할 수 없는 도형의 집합인 것이다. 자연계에 존재하는 수많은 형태가 프랙탈 기하에 새겨지고 한 수 있다.

위의 그림은 우리가 섭취한 음식물을 소화하고 흡수하는 기관 인 소화관을 나타낸 것인데, 똑같은 모양이 되풀이하여 접해 있다. 그러나 한정된 크기에서 최대한으로 영양을 흡수(표면적을 크게 한다)하기 위해 이처럼 작게 접어 놓은 듯한 구조가 필요한 것이 다. DNA나 니크롬선의 구조도 마찬가지이다.

벽에 지도가 붙어 있다면 남해안의 도서지방 해안선을 유심히 살펴보기 바란다. 1만분의 1, 5만분의 1, 20만분의 1 등 축척이 다 른 지도로 살펴보면 어느 것이 가장 큰 것인지조차 알 수 없게 된 다. 복잡하게 뒤얽혀 있는 리아스식 해안 일부를 확대하면 거의

자체 유사의 과학

러시아의 인형 가운데 마토루시카라는 것이 있다. 이 인형 속에는 작은 인형이, 그리고 그 속에는 또 다른 작은 인형이 연속해서 들어 있다. 자기와 닮은 형태의 세계가 계속되고 있는 것이다. 차곡차곡 들 어 있는 캠프용 코펠처럼 말이다.

■ 어느 지도의 축척이 가장 큰가?

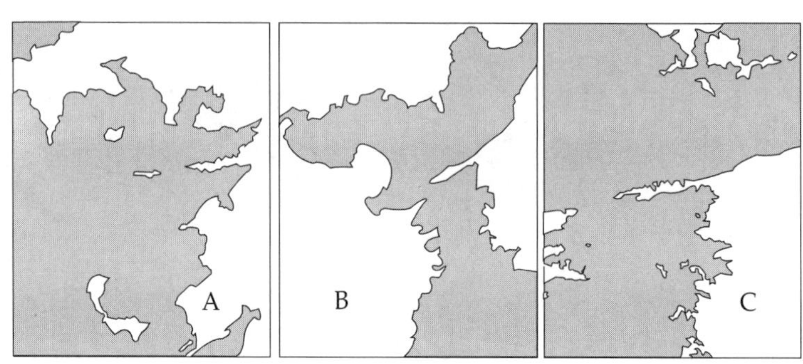

◉ 실제로는 다음 순서대로 축척된 것이다.

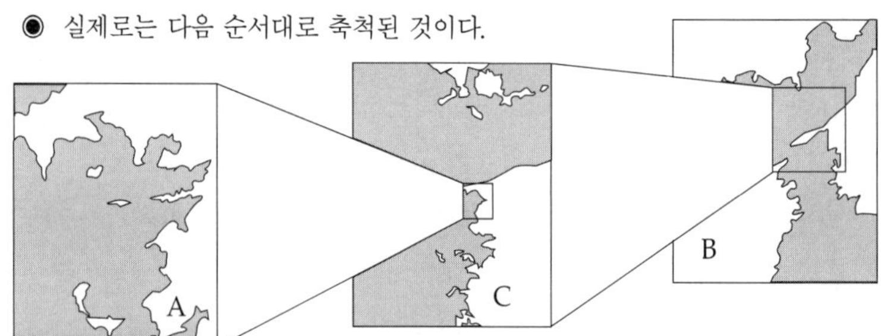

◉ 해안선을 확대하면 어떠한 유형이 될까?

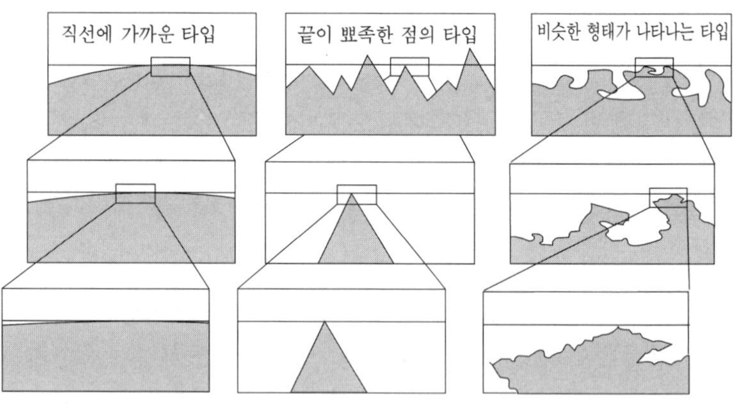

측량할 수 없는 해안선

해안선의 길이는 측량할 수 있을 것 같지만 도저히 잴 수가 없다. 왜냐하면 지도의 척도가 섬세해질수록 요철이 나타나기 때문이다. 실지로 해안선을 걸어다니며 재어 보아도 사람에 따라 혹은 밀물과 썰물에 따라 차이가 생길 것이다.

똑같은 모습을 나타낸다. 즉 이것은 축척이 미세해질수록 점점 복잡해지지만, 해안의 불규칙한 전체 모습과 닮아 있다고 할 수 있다. 이것을 자체 유사성(self-similarity)이라고 하며, 프랙탈이란 결국 자체적으로 유사함을 의미한다고 하겠다.

1.4차원, 2.3차원의 세계란

'점은 0차원, 직선은 1차원, 평면은 2차원, 입체는 3차원'이라는 사실은 우리가 다 알고 있는 상식이다. 그렇다면 복잡한 프랙탈 기하는 과연 몇 차원의 세계일까? '지도로 나타낼 수 있으니까 2차원'이라고 말하고 싶지만, 실은 1.4차원이라든가 2.3차원 같은 어중간한 차원이기 때문에 단정지어 말하기는 힘들다.

이론보다 실제가 중요하므로 프랙탈이 정말로 '1.43차원'과 같은 어중간한 차원이 되는지의 여부와 그 차원을 어떻게 구할 수 있는가에 대해 살펴보기로 하자.

우선 직선(1차원)을 2등분하면 2개의 선으로 나누어지고, 3등분하면 3개로 나누어진다. 이것은 각기 $2 = 2^1$, $3 = 3^1$로 나타낼 수 있다. 이와 똑같이 정사각형(2차원)을 2등분하거나 3등분하면 4개 또는 9개의 부분으로 나뉘어져 각기 $4 = 2^2$, $9 = 3^2$이 된다.

정육면체(3차원)의 경우도 똑같이 2등분, 3등분으로 8개 또는 27개로 나눌 수 있기 때문에 $8 = 2^3$, $27 = 3^3$이 된다. 따라서 x등분을 했을 경우 y개로 나누어진다고 한다면 도형의 차원 a는 $x^a = y$로 나타낼 수 있다. 이것에 대수(對數)를 취하면,

$$\log x^a = \log y, \quad a\log x = \log y, \text{ 따라서 } a = \log y / \log x \text{가 된다.}$$

🔍 프랙탈의 탄생

프랙탈은 1975년 멘들브로드가 라틴어인 '부서지다'라는 뜻의 동사 'frangere'에서 파생한 형용사 'fractus'에서 발견하고 영어의 'fracture'와 'fraction'의 어감과 적절하면서도 불어이며 명사와 형용사인 'fractal'을 만들어 이 세상에 등장시켰다.

다소 번거롭기는 하지만, 프랙탈 도형 차원으로 나타내 보았다. 다음 페이지의 그림과 같은 프랙탈 도형(코흐 곡선)의 경우, 한 변을 각기 3등분(x)한 결과 4개(y)로 나눌 수 있기 때문에 그 차원은 log 4 / log 3 = 1.26 차원이 된다.

■ 프랙탈 차원의 계산

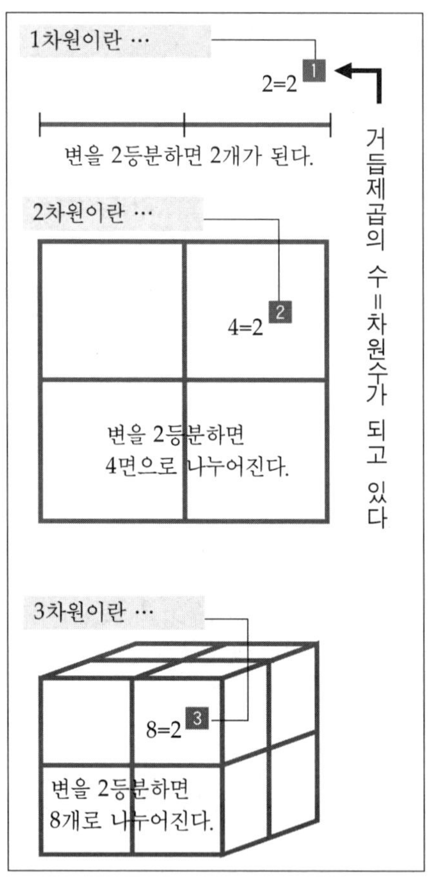

■ 이렇게 하여 프랙탈이 만들어진다

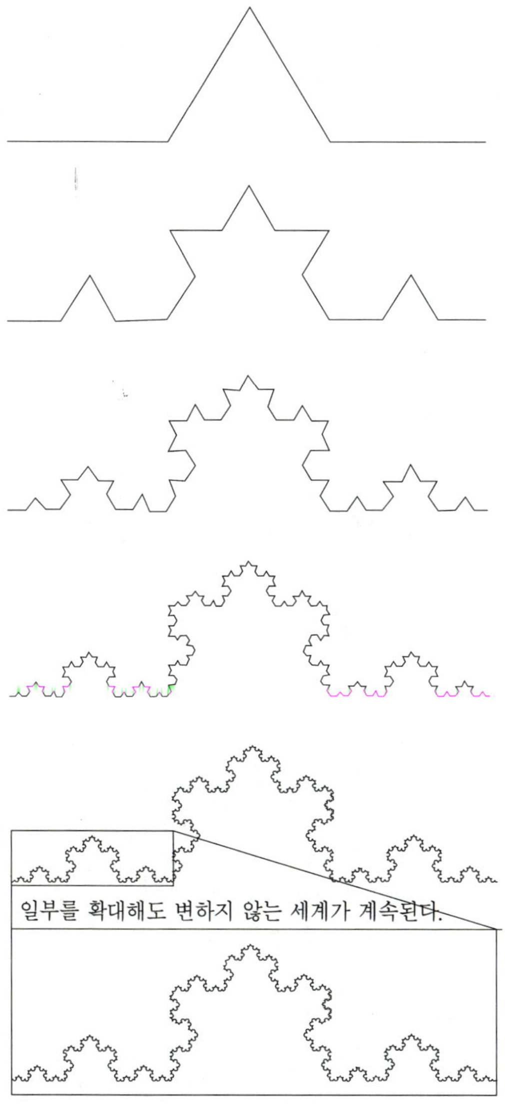

페아노의 곡선

1910년대에 이탈리아의 수학자 페아노에 의해 '1차원이 틀림없다고 생각한 곡선이 평면(2차원)을 뒤덮었다'는 곡선론이 제기되었다.

'만다라'는 프랙탈이었다

'그림 해설(도해)'이라는 이름의 책들이 이 세상에 많이 있지만 그림 해설의 선구는 '만다라(曼陀羅)'이다. '만다라'는 진언밀교 (眞言密敎)의 세계에서 '우주관'을 해설한 것으로, 불교의 일파인 진언종에서는 부처의 세계에 금강계(부처의 지혜의 세계＝수행)

■ 금강계 만다라의 세계는 포개 놓은 구조

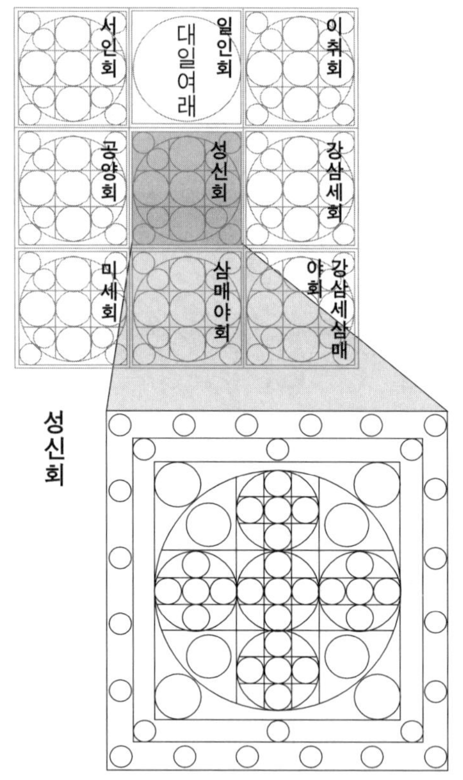

'만다라'의 뜻

만다라(曼陀羅)란 범어의 음역으로 '원륜(圓輪)'이라든가 '핵심'을 뜻하며, 부처들의 집회 그림을 가리킨다.

와 태장계(모태와 같은 자비의 세계＝신앙)의 양면이 있다. 이것을 그림으로 풀이한 것이 금강계 만다라와 태장계 만다라이다.

이 중에서도 금강계 만다라의 그림을 잘 살펴보면 전체는 부분으로, 부분은 전체로 짜맞추어 놓은 구조로 되어 있다.

선형, 비선형이란 무엇인가

서점의 수학책 코너에 가보면 ‘선형수학’ 이라든가 ‘비선형수학’ 이라는 어려운 책들이 놓여져 있다. 도대체 무엇이 선형이고 무엇이 비선형인지 알 수가 없다.

예를 들어, 가격이 1,000원인 캔 주스가 자동 판매기를 통해 팔리고 있다면 2,000원을 가지고 있으면 2개, 5,000원을 가지고 있으면 5개를 살 수 있다. 이것을 그래프로 나타내면 직선 상태의 1차

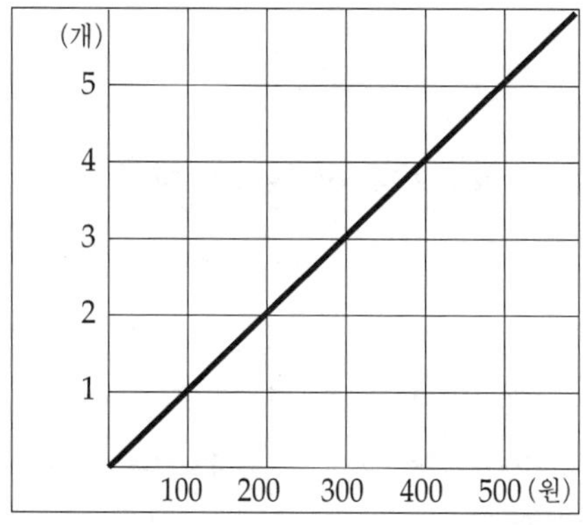

선형은 직선뿐인가?

선형이 다루는 것은 1차식의 직선만이 아니다. 원이나 타원형, 포물선, 쌍곡선 등의 2차 곡선형을 분별하기 위해 사용하는 ‘선형 변환’ 도 있다.

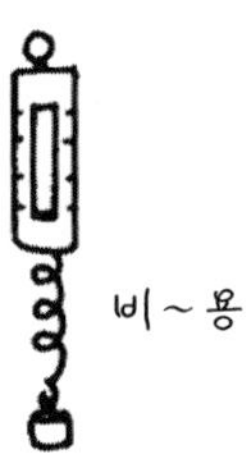

함수가 된다. 즉, 직선으로 나타난다고 하여 이것을 '선형(線型)'이라고 부른다.

그러나 세상일은 언제나 예측대로만 돌아가지는 않는다. 자동 판매기에 1,000원짜리를 넣었는데 주스는 고사하고 넣은 돈까지 나오지 않을 수도 있다. 물론 그럴 확률은 거의 없지만 한꺼번에 캔 주스 2개가 나올 수도 있다. 자동 판매기에서 나온 캔의 무게를 달아보았더니 대부분 정량이었다. 그러나 정량 이상의 무게를 매달아 놓을 경우 용수철은 너무 늘어나 저울 구실을 못하게 된다. 이러한 경우 선형이 되지 못한다. 이렇듯 우리가 살고 있는 사회는 질서 정연하게 늘어선 것처럼 어느 범위까지는 선형으로 보이지만 일정한 범위를 넘어서면 비선형이 되는 경우가 많다.

동물의 세계는 '비선형'의 대표적인 예

동물의 세계에는 먹이사슬로 인한 천적이 있어 사자와 같은 육식동물 수가 증가하면 먹이가 되는 작은 동물의 수효가 줄어들어 결과적으로 육식동물의 증가도 억제된다. 이것은 1,000원으로 캔 하나를, 2,000원으로 캔 2개를 사는 순조로운 '선형'의 그래프가

f(a) + f(b) = f(a+b)라면 함수 f(x)는 선형

예를 들면 $\sin 30° = 0.5$, $\sin 60° = 0.866$이므로 $\sin 30° + \sin 60° = \sin(30° + 60°)$ 이렇게 되면 좋은데, $\sin 30° + \sin 60° = 1,366$, $\sin(30° + 60°) = \sin 90° = 1$로서 비선형이 된다.

■ 6마리의 동물이 몇 년 후에는 그 수효가 크게 달라진다

	초기	1년 후	2년 후	3년 후	4년 후	5년 후
A산	2마리	4마리	8마리	16마리	32마리	64마리
B산	8마리	16마리	32마리	64마리	128마리	256마리
차이	6마리	12마리	24마리	48마리	96마리	192마리

6마리이던 차이가 점점 확대되어 간다

성립되지 못하고 줄었다가 늘었다가 하는 기복이 심한 예측 불가능한 그래프를 그리게 된다. 이것을 '비선형'이라고 하는데, 이런 경우가 되면 1년 정도는 증감을 어느 정도 예측할 수 있지만 10년, 20년 후의 증감 예측은 거의 불가능하다. 여기에서 특히 중요한 것은 초기 조건이다.

번식률이 높은 토끼가 A산에 2마리 살고 있다고 하자. 이들이

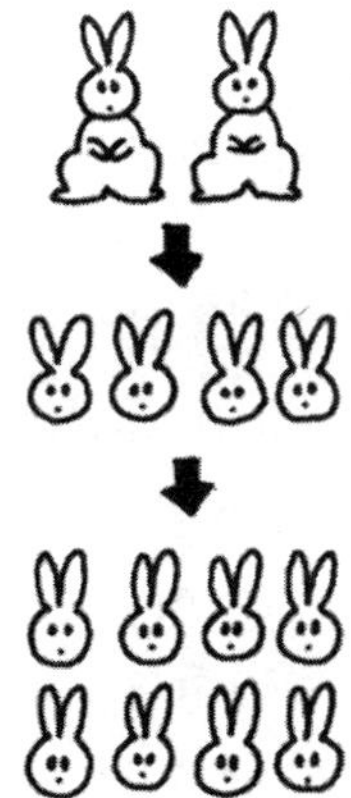

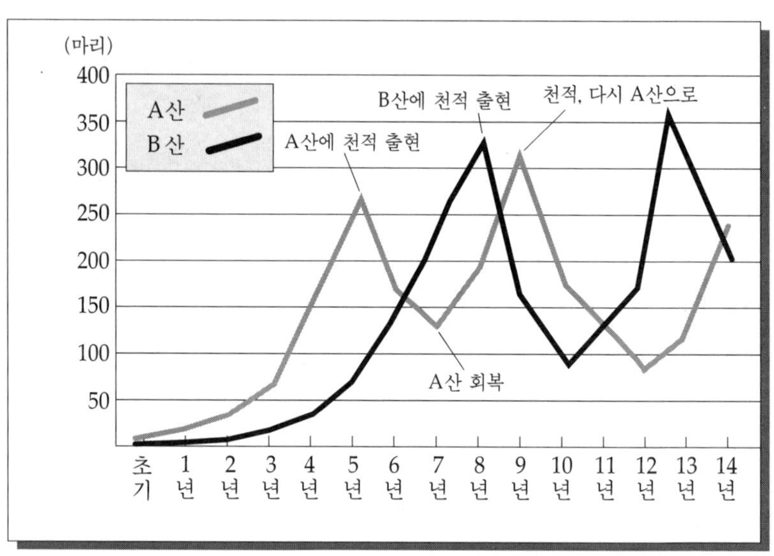

해마다 배로 늘어난다면 앞의 표와 같은 계산이 된다. 그런데 A산 건너편의 B산에는 2마리가 아니라 8마리가 살고 있다고 할 때 그 결과는 어떻게 될까? 처음에는 불과 A산의 토끼와 6마리의 차이밖에 나지 않지만, 그것이 5년 후에는 192마리라는 큰 차이를 낳게 된다.

그러나 B산의 토끼도 계속 증가만 하는 것은 아니다. "교만한 자 오래가지 못한다"는 속담처럼 급격한 번식으로 먹이가 부족할 뿐만 아니라 여우나 사람 같은 천적이 나타나면 급격히 감소 현상이 일어날 것이다. 이와 같은 현상이 100마리를 넘어서는 단계가 되면 초기에 6마리가 많았던 B산은 A산보다 빨리 파국을 맞이하게 되지만, 다음 해부터는 토끼가 절반으로 줄고 천적들도 사라져 먹이는 차츰 늘어나게 되므로 B산의 토끼는 또 다시 증가된다.

과학적 신화를 부정한 카오스

'과학이 발전하면 미래도 예측할 수 있다. 그리고 초기 조건에 다소의 인식차가 있어도 그것으로 인하여 발생하는 결과의 오차는 근소하다'고 생각했던 기존 개념을 카오스는 크게 부정했다.

　이렇게 하여 초기에는 불과 6마리의 차이밖에 나지 않지만 후일에 와서는 그 차이가 점차 확대되어 또 다시 두 산의 토끼들의 수효에 큰 영향을 주게 될 것이다.

카오스 이론으로 세상을 바라보면

　날씨는 시장경기에 크게 영향을 준다. 에어컨의 매출은 여름철 더위와 상관관계가 있으며, 일기의 불순이나 냉해는 농사에 큰 타격을 준다.

　현재의 일기예보는 다음의 그래프를 보면 알 수 있듯이 정확도가 70~80%이므로 비교적 정확하다고 할 수 있다. 그러나 그 정

■ 일기예보의 적중률은 매우 높지만 '100%' 는 어렵다

현재 1km 단위로 관측점을 두었다 해도 그 관측점에서는 온도, 습도, 풍향, 풍력, 구름의 양 등 많은 관측자료가 필요할 뿐만 아니라 그런 자료가 몇 분 간격의 자료인가도 문제이다. 더욱이 정확도를 높이기 위해서는 관측점의 수도 늘려야 한다.

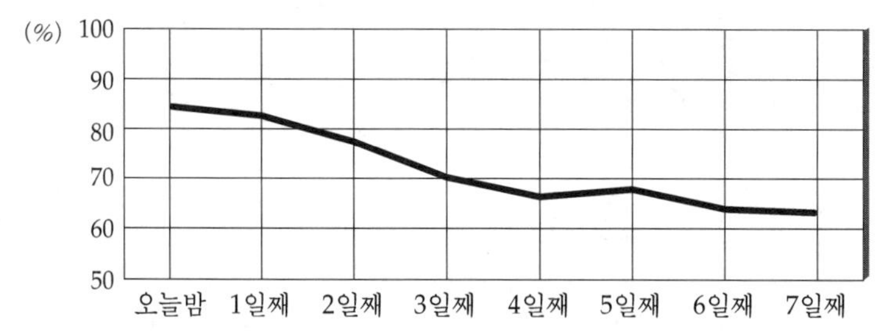

나비의 효과

오늘 서울에서 한 마리의 나비가 날갯짓을 하면 그 하찮은 동작에 의해 공기가 진동하여(초기값) 다음 달 뉴욕에 큰 폭풍우를 가져오게 할지도 모른다.

도를 보다 높이려고 노력만 한다면 앞으로 1년 후 아니 10년 후의 장기 예보도 가능하며, 적중률도 100%까지 끌어올릴 수 있을 것으로 기대된다.

이론적으로 말한다면, 관측지점을 크게 세분화하여 측정오차를 최소로 줄이고 측정시간의 간격을 거의 제로(0)로 한다면 100%의 정확한 일기예보를 접할 수 있을 것이다.

그런데 '일기예보 등은 초기값에 민감하여 극히 작은 오차에도 맑은 날씨와 소나기의 차를 낳는다'는 정설이 있다. 이것이 바로 카오스의 이론이라고 불리는 것이다.

지금까지의 과학도 '최초의 입력 데이터가 정해지면 그것으로 결과가 정해진다'는 '결정론적 법칙'이 기본 사상이었다고 해도 좋을 것이다. 이 세상의 모든 자연현상은 단순하고도 합리적인 법칙에 따르고 있으며, 그것을 표현하는 방정식(미분방정식)만 알고 있으면 헬리 혜성의 움직임을 비롯하여 양자(量子)의 움직임까지도 알 수 있다고 확신했던 것이다.

■ 카오스의 세계는 예측 불가능

인체의 카오스 현상

사람의 뇌파, 체온, 호흡 등이 건강한 상태일 경우는 카오스적인 흔들림이 있으며, 몸의 컨디션이 나쁠 때에는 도리어 규칙적으로(흔들림이 없어짐) 된다.

분명히 태양계의 움직임을 정확히 예측하고 목성을 이용한 스윙바이(swingby : 인공위성이 자체의 연료를 소비하지 않고 행성의 인력을 이용하여 궤도를 바꾸는 일)를 이용하여 인공위성을 지구 주위의 궤도에 진입시키는 것까지도 성공시키고 있다. 그러므로 일기예보는 더욱더 그러한 결정론적 법칙에 따르지 않는다고 할 수 있을 것이다.

이 밖에도 나뭇잎이 떨어지는 코스나 고층 빌딩의 뒤쪽에서 생겨나는 차량 소음의 소용돌이 등에 카오스 이론이 적용되고 있다고 생각할 수 있다.

카오스 이론을 비롯하여 강물의 분기(分岐), 해안선 등을 다루는 프랙탈 기하, 해일을 과학화하는 솔리톤 등 비교적 새로운 분야에서 모두 주변의 자연현상을 해명하려고 하는 것은 우연의 일치라고 하겠다.

푸리에 급수와 푸리에 변환

'왠지 모르게 어려운 듯하지만 매력적인 말'이라는 표현이 있다. 수학에서 '푸리에 변환'도 그러한 예 가운데 하나인데, 이것이 여러 곳에서 얼굴을 내밀고 있다. 이것만 설명이 가능하면 모든 문제가 쉽게 풀리게 된다.

그렇다면 이것은 어떠한 작용을 하는지 간단히 이해해 둘 필요가 있다. 푸리에 변환을 한마디로 말한다면 '세상의 어떠한 복잡한 움직임이나 운동(운동을 나타내는 함수)이라도 주기적인 것이라면 단순히 삼각함수(사인, 코사인)의 조합만으로 표현할 수 있

푸리에 변환의 범위

파동의 진동으로 전달되는 것은 모두 주기적인 운동이라고 생각한다. 그 하나가 '소리'이다. 지진이나 경기 순환설이 성립된다면 이것 역시도 푸리에 급수 범위에 속한다.

■ 푸리에 변환

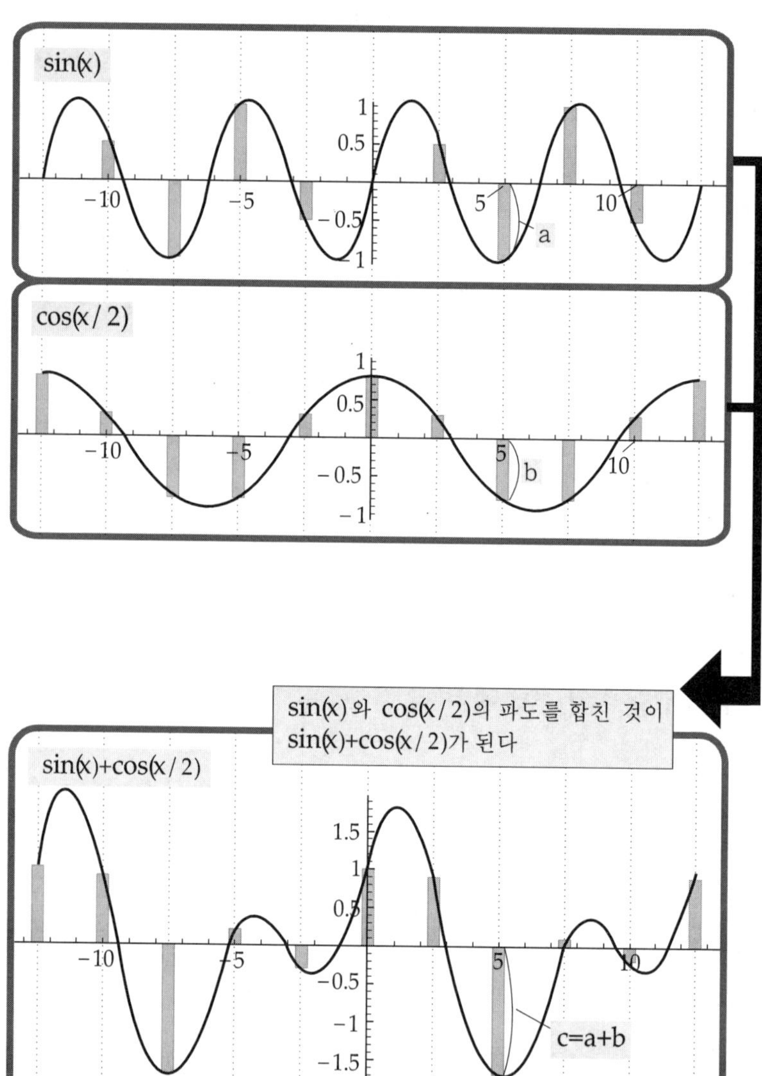

푸리에

푸리에(1768~1830)는 나폴레옹의 이집트 원정군에 종군하여 후일 이젤 현의 지사에 임명되었다. 그 시절에 열전도 연구에 몰두하던 중 편미분(偏微分) 방정식을 발견해 냈으며, 이것을 풀기 위해 푸리에 변환을 고안해 냈다.

다(비슷하게 할 수 있다)'는 생각이다. 좀더 구체적으로 말하면 다음과 같은 식(푸리에 급수)이 성립된다는 의미이다.

$$f(t) = a_0 + a_1\cos x_1 + b_1\sin x_1 + a_2\cos x_2 + b_2\sin x_2 + a_3\cos x_3 + b_3\sin x_3 + \cdots$$

흔히 푸리에 변환의 증명 사례로서 바이올린 음색이 인용된다. 바이올린 음색은 대단히 복잡한 파형(波形)을 이루고 있어서 그 것을 함수화한다는 것은 도무지 불가능한 일처럼 여겨지지만, 그 래도 사인, 코사인을 조합시킴으로써 그것이 어느 정도 가능하다 는 것이다. 또한 콘서트홀을 건축할 때 음향효과를 확인할 경우에 도 푸리에 변환이 이용되고 있는 듯하다.

푸리에 변환 원리는 복잡한 것을 일단 간단한 요소로 분해하고 그것을 재차 구축하는 방식이다.

솔리톤은 고립파

수학계와 물리학계에서 화제가 되고 있는 것들 가운데 하나가

■ 영국의 조선 기사가 최초의 솔리톤 발견자

운하의 솔리톤파

1834년 영국의 조선 기사 스콧 러셀이 운하를 항해하던 중 배가 정지한 충격으로 발생한 파도가 계속 파형(波形)을 이루며 전진해 가는 것을 보고 '솔리톤파'를 발견했다고 한다.

■ 무너지지 않는 '솔리톤' 파도

■ 솔리톤파는 1+1>2, 1+1<2의 비선형 수학이다

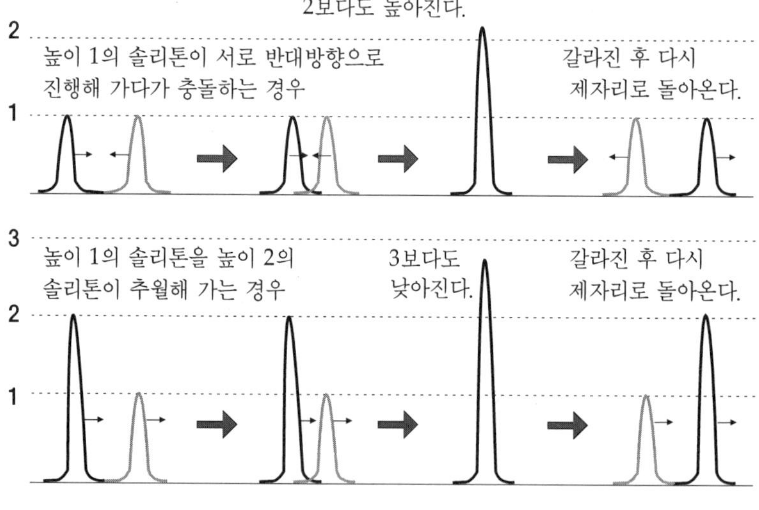

해일의 파도도 솔리톤파

솔리톤파를 만드는 조건으로는 수심이 파장에 비해 작아야 한다는 것을 들 수 있다. 해일은 바다에서 일어나지만 파장은 수심보다 더 길기 때문이다.

솔리톤(soliton)이다. 흔히 남미나 칠레 해안 등지에서 큰 지진이 일어나면 뉴스 등에서 '해일주의보'를 발하게 된다. 이 해일이 바로 솔리톤파이다. 예를 들어, 우리들이 연못에 조약돌을 던지면 물결이 이는데, 조약돌의 낙하지점에서 멀어지면 멀어질수록, 또 시간이 지나면 지날수록 물결은 잔잔해지고 나중에는 아무 미동도 느낄 수 없게 된다.

그런데 왜 칠레 해안의 지진에 의해 시작된 해일이 태평양을 횡단하여 일본까지 몰려오는 것일까? 그것도 해일 경보를 발할 만큼 강력한 세력으로…….

이야기는 좀 다르지만, 윈드서퍼가 즐기는 '무너지지 않는 파도(파도 타기)'는 보통의 파도와 어떻게 다를까? 바로 그 무너지지 않는 파도가 솔리톤 파도인데, 보통의 파도와는 성질이 다르다.

오늘날 '무너지지 않는' 솔리톤파의 특성을 이용한 광통신 분야에서 새로운 테크놀러지를 탄생시키고 있는데, 수학에서도 새로운 분야의 장으로 열리고 있다.

로지스틱 곡선은 현실적으로 있을 수 있는 곡선

대장균이 유전자 형질 전환을 할 때 흔히 20~30분마다 분열을 하는데, 한 번 분열할 때 새로운 형질을 제조합함으로써 유전자를 2배로 늘려나간다. 따라서 혹시 그것들이 무제한으로 증식되어 온 지구를 뒤덮지나 않을까 하고 우려할지도 모르지만, 결코 그런 일은 생기지 않을 것이다. 왜냐하면 대장균이 엄청난 속도로 늘어나는 것은 사람들이 실험을 위해 양분을 제공해 주기 때문이므로,

■ 도중에서 크게 변하는 로지스틱 곡선

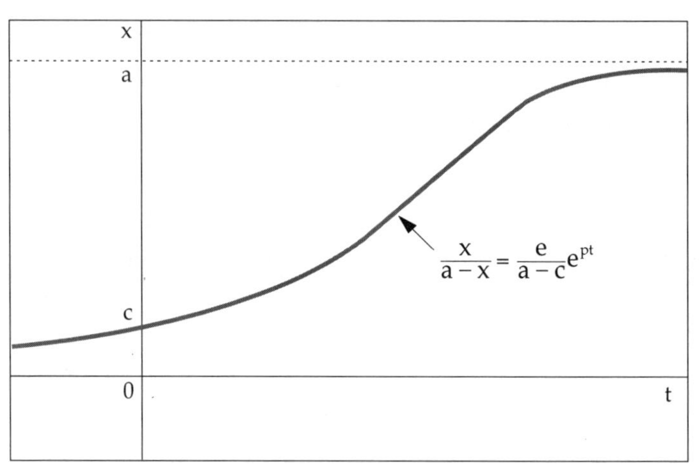

그렇지 않은 환경에서는 그렇게 급속하게 늘어나지 않는다. 이는 가전제품의 보급률이나 고등학교, 대학교에 진학하는 진학률과 동일하다고 하겠다.

이와 같은 곡선은 진행하는 도중까지는 지수, 대수 그래프적인 급커브로 증가하다가 중간 정도에 이르러서는 신장세가 갑자기 떨어지는 경향을 나타낸다. 이것을 로지스틱 곡선이라고 부른다. 예를 들어 시장에 참여할 것인지 하지 않을 것인지 또는 그 시장이 유망한지 어떤지를 검토하는 경우라면 그 시장의 과거 매출액 규모 등을 소급하여 조사해 보아야 할 것이며, 그것이 로지스틱 곡선의 어느 위치에 있는가를 알아내면 되는 것이다. 물론 획기적인 기술혁신으로 시장점유율을 크게 확대시킬 자신이 있으면 문제가 다르다.

보급률

보급률이 로지스틱 곡선을 그리며 최대한도까지 접근해 온다 하더라도 한 가정에서 2대, 3대 정도를 필요로 하는 제품의 경우 반드시 매출이 둔화된다고는 할 수 없다.

제 6 장 카오스·프랙탈 … 궁극의 기하학에 도전!

■ 로지스틱 곡선

대장균을 샬레 속에서 배양한다고 하자. 샬레의 크기는 한정된 것이므로 대장균의 양은 일정량(이것을 a라고 한다)을 초과할 수 없다.

어떤 상태에서의 대장균 양을 x라고 했을 때, 여기에서 증가할 수 있는 공간은 $(a-x)$로서, 최대한의 양과의 비(比)는

$$\frac{a-x}{a}$$

가 된다. 대장균의 증가율을 p라고 한다면, 이때의 증가속도는 p와 x와 $\frac{a-x}{a}$ 에 비례한다.

$$\therefore \ 증가속도 = \frac{dx}{dt} = p\,\frac{a-x}{a}\,x$$

$$여기에서 \quad \frac{a}{x(a-x)} \cdot \frac{dx}{dt} = p$$

$$좌변을\ 변형하여 \quad \left(\frac{1}{x}+\frac{1}{a-x}\right)\frac{dx}{dt} = p$$

$$양변을\ t로\ 적분하여 \quad \int\left(\frac{1}{x}+\frac{1}{a-x}\right)\frac{dx}{dt}\cdot dt = \int p\,dt$$

$$여기에서 \quad \int \frac{dx}{dt}\,dt = \int dx\ 를\ 이용하여$$

$$\int\left(\frac{1}{x}+\frac{1}{a-x}\right)dx = \int p\,dt$$

$$\therefore \ \log x - \log(a-x) = pt + C$$

$$\therefore \ \log\frac{x}{a-x} = pt + C$$

$$\therefore \ \frac{x}{a-x} = Ce^{pt}$$

이것이 앞 페이지의 로지스틱 곡선이다.

'a' 의 값이 문제

위의 로지스틱 곡선일 때는 a < 1의 경우 X는 0에 접근한다. 1 ≤ a < 2일 경우 X는 로지스틱 곡선이 된다. 이 a의 값을 크게 해가면 카오스가 되는 것이다.

〈쥐라기 공원〉과 카오스

마이클 클라이튼의 화제작 〈쥐라기 공원〉은 스티븐 스필버그 감독에 의해 영화로 만들어져 〈ET〉의 흥행기록을 깰 만큼 인기를 모았다. 이 영화 속에는 '카오스 이론'이라고 불려지는 새로운 분야에 심취하여 오로지 비선형방정식과 씨름하는 괴짜 수학자 말콤이 등장한다. 작품 속에서 말콤의 역할은 '인간이 엄밀한 시스템을 짜 공룡을 조정한다고 해도 자연 속에 내포되어 있는 예측 불가능성(카오스)에 의해 그 계획은 실패하고 만다'는 것을 암시하고 있다.

베나르 대류와 카오스

국을 끓여 보면 대류(對流) 상태를 명확히 관찰할 수가 있다. 육각형의 세포상태로 소용돌이가 일어나는 것을 볼 수 있는데, 이것이 베나르 대류라는 것이다. 즉, 바닥의 따뜻한 물이 위의 찬물과 자리바꿈하기 위해 발생하는 현상이다. 그러나 이것은 일정한 온도를 넘어서 더욱 뜨거워지면 이전까지의 균형이 일시에 깨져 베나르 대류도 없어지고 카오스 상태가 된다.

■ 위에서 내려다보면

카르만 소용돌이

원기둥의 뒤에서 부는 바람에 의해 생겨난 난류(亂流) 때문에 한 쌍의 소용돌이(카르만 소용돌이)가 발생한다. 그러나 더욱 바람이 세차게 불면 균형이 깨져 소용돌이는 없어지고 그 뒤로는 카오스가 된다.

위상변환을 통한 재미있는 생물학의 이해

헤엄쳐 다니기가 싫어진 게으름뱅이 상어가 해저에만 달라붙어 있다가 그만 가오리가 되었다는 이야기가 있다. 또 근해 어종에는 흰색의 고기가 많으며 원양 어종에는 붉은색 고기가 많은 까닭은 장거리 헤엄에 필요한 산소를 체내에 얼마만큼 공급할 수 있는가의 차이라고도 한다.

이처럼 생물의 형태는 환경과 기능 등에 크게 영향을 받는데, W. 톰슨은 '생물의 형태는 그 기능과 관계가 있다'고 하였다. 그는 고기의 형태, 곤충의 겹눈, 고동(소라, 우렁이 따위) 등의 형태를 예로 들어 '생물의 형태기능설'을 주창했다. 아래 그림은 그러한 예로, 무서운 얼굴을 한 쏨뱅이가 귀엽게 생긴 조기로 변하는 모습을 의미한다.

그러나 한 마리의 고기가 색다른 고기로 감쪽같이 변신했다고 하더라도, 그 모든 것을 톰슨이 주창한 이론만으로 설명할 수는 없다. 어쨌든 이와 같은 형태변환을 위상변환이라 부르고 있다.

■ 위상변환으로 갖가지 고기를 만들어 낸다

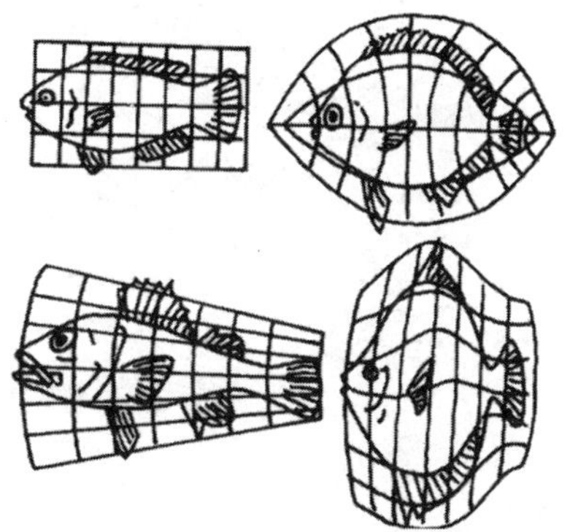

매킨토시로 변환

최근에 와서는 매킨토시의 포토샵(photo shop) 등의 프로그램을 사용하면 훼손된 사진을 간단히 원래의 상태로 복원할 수 있다.

벌은 왜 육각형의 집을 짓는가

원은 예로부터 '완전한 형태'로 여겨져왔다. 그리고 자연계의 대부분이 태양이나 달과 같은 완전한 원의 형태를 지니고 있다. 그런데 세모나 네모의 형태를 지닌 것은 찾아보기가 어려운 데 비해 육각형은 생각보다 많이 존재하고 있다. 그 하나가 은어의 세력권으로, 아래 그림과 같이 서로의 세력을 형성하기 위한 다른 은어들과의 세력 다툼으로 원형의 형태가 이그러진 육각형의 형태를 만든다.

비슷한 예로 꿀벌의 집을 들 수 있다. 분주하게 움직이며 활동하는 꿀벌에게는 집의 모양이 육각형보다는 원형이 편리하겠지만, 은어의 경우처럼 원으로는 공간을 채울 수가 없기 때문에 결국 육각형의 집을 만든다고 한다.

■ 은어의 세력권은 육각형

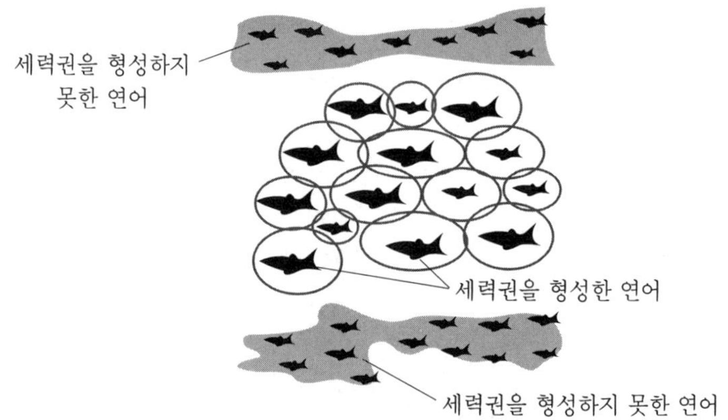

저장에 편리한 육각형

그리스의 파푸스는 "벌집에 불순물이 들어가 꿀의 질을 떨어뜨리지 않도록 공간을 없애는 구조로는 정육각형이 면적도 가장 크고 저장에도 편리하다"고 하였다.

■ 육각형이 가장 효율적?

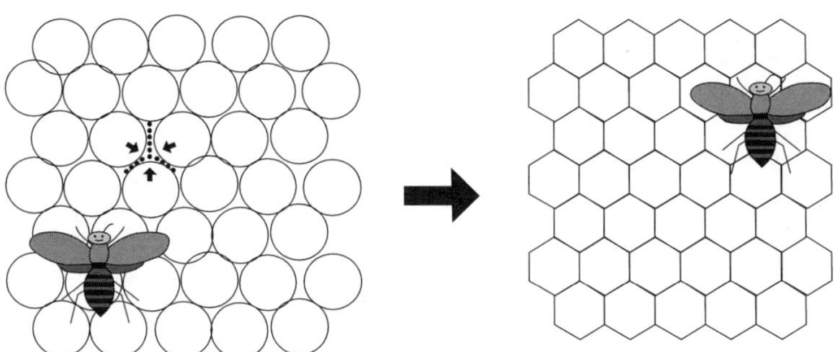

7

맞는 팔괘, 맞지 않는 팔괘를
꿰뚫어보는 지혜

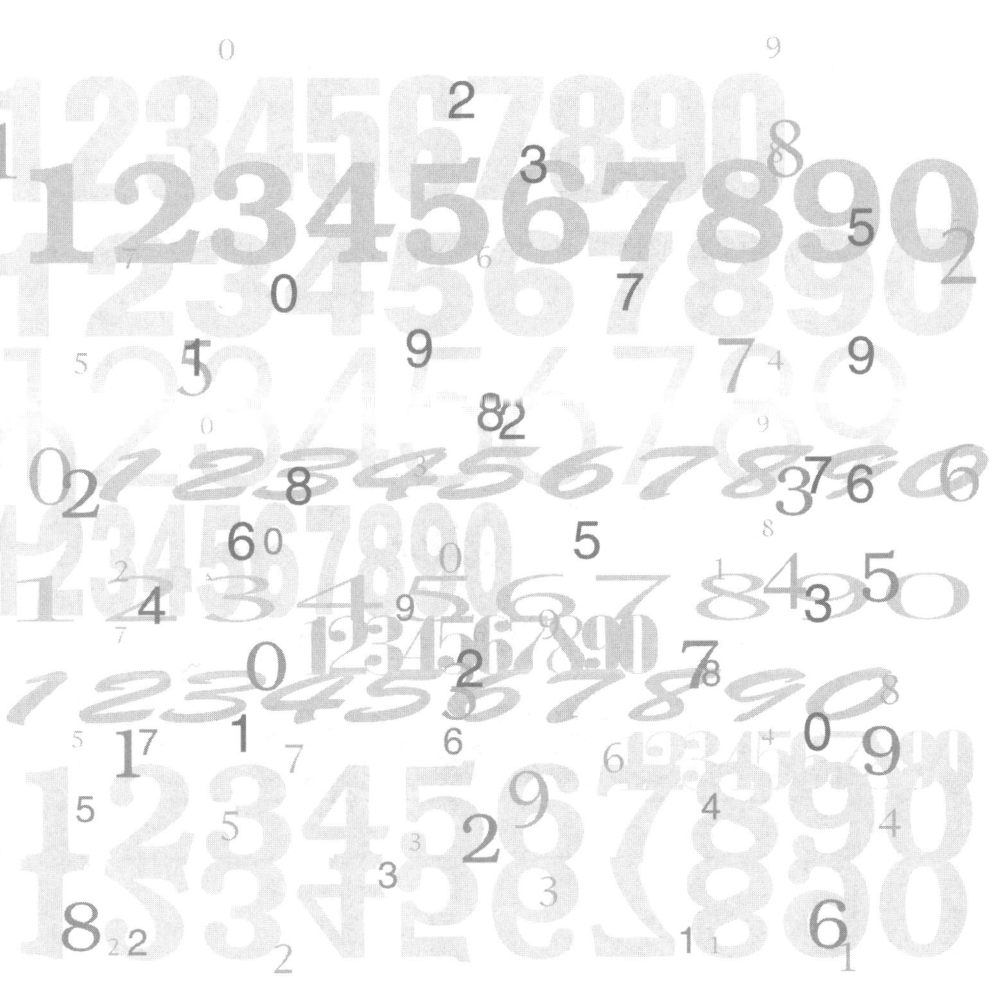

'출생률이 떨어지면 인구는 늘어난다'는 이상한 지론

다케우치 구미코는 '이기적 유전자'에 관련된 해설서에서 일본의 출생률은 해마다 떨어지고 있는데, 1991년도의 인구통계에 의하면 출생률이 1.53%, 1992년도 통계에서는 출생률이 1.5%로 하강세를 나타내고 있다고 하였다.

그런데 아이를 낳지 않는 사람과 어린이의 사망 등을 고려할 때 현수준의 인구를 유지하기 위해서는 적어도 2.8% 정도의 출생률이 필요하다고 한다. 그러나 요즘과 같은 추세라면 2006년에 이르러서는 인구가 1억 2,714만 명으로 줄어들고, 3000년에 이르면 불과 4만 명밖에 남지 않을 것이라는 주장까지 제기되고 있다.

이와 같은 추측을 근거로 '젊은이는 줄어들고 노인은 늘어나는' 고령화 시대가 되었다고 많은 사람들이 우려를 표시하고 있는데, 과연 그럴까? 다케우치는 진화의 관점에서 생각하면 정부가 특별한 대책을 세우지 않더라도 순식간에 출생률이 증가하여, 이

■ 출생률로 미래를 예측할 수는 없다

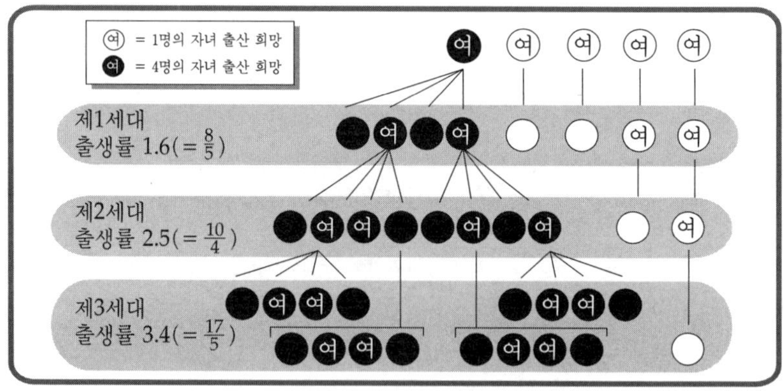

번에는 지나치게 늘어난 젊은 인구 때문에 정부가 파산 직전까지 몰리게 될 것이라는 이색적인 견해를 내놓고 있다.

현재 일본에서는 '출생률의 저하 → 젊은 노동자층에 대한 연금 부담 증가라는 시나리오가 거의 확정적이다'라는 인식이 지배적이다.

그럼에도 불구하고 다케우치는 왜 역방향의 관점을 제기하고 있는가? 그것은 간단히 말해 출생률에는 평균치가 있으며, 여성들에게 여러 가지 변화가 생겼다는 것이다.

즉, 아기를 낳고 싶어하지 않는 여성은 줄어들고, '아기를 많이 갖고 싶어하는' 여성들은 그대로이기 때문에 결국 인구는 급격히 늘어나게 된다는 논법이다. 이렇게 될 때 출생률이란 평균치가 아니라 개체간의 편차(평균치에서 벗어난)를 중시해야 할 관건이라고까지 덧붙여 말하고 있다.

앞의 그림은 '5사람의 여성 중 4명은 한 명의 아기를, 나머지 한 사람은 4명 정도의 아기를 낳고 싶어하는' 상황을 가정하여 시뮬레이션해 본 것이다. 처음에는 1.6%의 출생률이어서 현재의 1.5%에 가깝지만 그 이후는 양상이 크게 달라지기 시작한다. 그것은 좁은 주거환경, 폭등하는 교육비 등의 외적 요인은 고려하지 않았지만 분석 여하에 따라서는 정반대의 결론이 나올 수도 있다는 의미이다.

지금부터 10년 후 과연 일본은 노인들의 나라가 될까? 아니면 젊은 사람들만 남게 되어 오늘의 중국처럼 인구억제책을 써야 할까?

외국의 출생률

서양의 합계특수출생률(여성이 일생 동안 낳는 아이의 수)이 비교적 낮은 나라는 오스트리아 1.4(90년)·구서독 1.44(89년)이다. 구서독은 한때(85년) 1.28까지 떨어진 일이 있으나 현재는 회복중이다.

추첨이 있을 때 몇 번째 제비를 뽑을 것인가

어느 백화점이 사은행사로 해외여행을 할 수 있는 복권을 추첨한다고 가정하자. 당첨자에게는 해외여행의 특전이 주어지는데, 제비는 모두 5장밖에 없다. 이 중 한 장만이 당첨권인데, 당신이라면 제일 먼저 제비를 뽑을 것인가, 아니면 제일 마지막으로 제비를 뽑을 것인가? 확률상으로는 5 대 1이므로 몇 번째 것을 뽑든지 상관이 없는 것처럼 보이지만, 막상 뽑는 사람의 입장이 되면 생각이 달라질 것이다. 따라서 '마지막으로 뽑는다면 당첨 가능성이 낮아질지도 모른다. 그렇다면 제일 먼저 뽑는 것이 유리하지 않겠는가' 하는 마음이 생길 것이다.

실제로 순서에 따라 당첨확률은 변화가 없는지 살펴보도록 하자. 우선 다섯 명이 있다. 제일 먼저 A부터 순차적으로 제비를 뽑는

■ 몇 번째에 제비를 뽑든지 확률은 같다

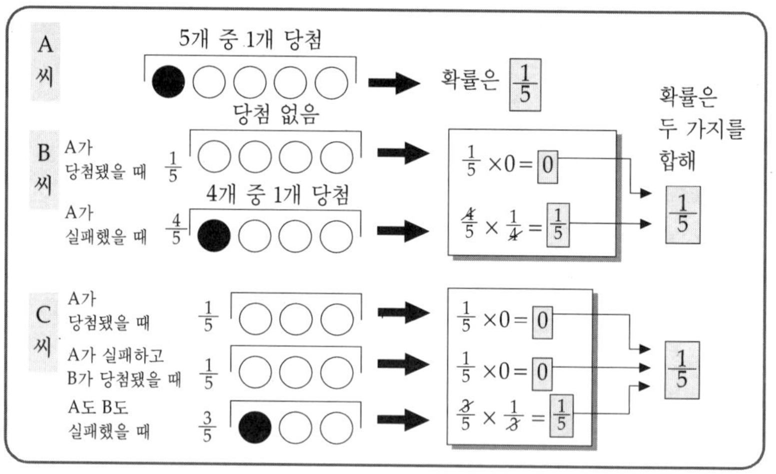

🔍 **당첨률이 높은 제비뽑기**

춤추기 대회에서 지명되기 위해 자신의 이름이 적힌 쪽지를 추첨함에 넣는 일이 있다. 이런 경우 마지막에 쪽지를 넣는 것이 당첨 확률이 높다. 그 이유는 쪽지가 잘 섞이지 않기 때문이다.

다고 하자. A의 당첨확률은 누가 보더라도 $\frac{1}{5}$이 틀림없다. 그렇다면 B의 확률은 얼마나 되겠는가? 이에 대해서는 'A가 당첨되었는지의 여부'를 한 번 생각해 볼 필요가 있다. 만일 A가 당첨되었다면 다른 사람의 확률은 말할 것도 없이 모두 0이 된다. 그러나 A가 당첨에 실패했을 경우, 자연히 $\frac{4}{5}$의 확률이 나머지 네 사람의 몫이 된다. 따라서 $\frac{4}{5} \times \frac{1}{4} = \frac{1}{5}$이므로 $\frac{1}{5}$이 되는 것이다. 결국 B는 $(\frac{1}{5} \times 0) + (\frac{4}{5} \times \frac{1}{4}) = 0 + \frac{1}{5} = \frac{1}{5}$이 된다.

그러므로 B도 A와 동일한 $\frac{1}{5}$이 된다. 그리고 C의 경우는 A와 B 두 사람 중 어느 한 사람이 당첨되었을 때(두 사람의 확률 $\frac{2}{5}$)는 확률이 0이 되지만, 다행히 A와 B가 모두 실패한다면 당첨확률은 $\frac{3}{5}$으로 높아지므로 C의 확률은 나머지 세 장 중 하나가 된다. 따라서 $\frac{3}{5} \times \frac{1}{3} = \frac{1}{5}$이 된다. 이와 같은 과정을 거치면 D, E도 $\frac{1}{5}$이 되므로 결국 제일 먼저 뽑든 제일 마지막에 뽑든 확률은 변화가 없다.

프로 야구의 드래프트(draft) 제도에서 시스템이나 규정이 바뀌는 경우도 있지만, '순번에 관계없다'는 확률의 법칙만은 살아 있다. 이는 주목을 받는 선수가 아무리 준비요로 기다리다기도 선매권이 있는 봉투는 끝까지 남아 있다는 뜻이다.

이쑤시개 100개로 π를 구한다

직각 이등변삼각형에서 무리수가 발견되며, 우주론(宇宙論) 속에 허수(虛數)가 나온다. 수학이란 참으로 어려운 대상이지만 '현실은 수학보다 더 기묘' 하다. 아르키메데스, 생크스, 그리고 루돌

■ 이쑤시개를 던져서도 π값을 구할 수 있다

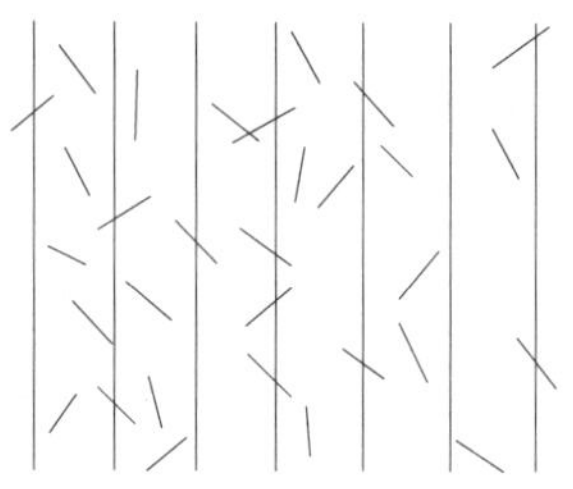

프가 심혈을 기울여 추구한 **π**값을 '우연의 세계'에서 찾아내려는 거창한 실험에 도전해 보기로 하자.

우선 이쑤시개를 10개 정도 준비한다. 그런 다음 도화지에 폭 15cm 간격으로 선을 내려 긋는다. 간격은 15cm가 아니라 20cm라도 상관이 없지만 이쑤시개보다는 길게 그려야 한다. 준비할 것은 단지 이 두 가지뿐이다.

준비가 다 되었으면 이쑤시개 하나하나를 줄이 그어진 도화지에 던진다. 10개를 한꺼번에 쥐고 던질 수도 있지만, 그렇게 할 경우 한 곳으로 떨어질 수 있기 때문에 귀찮더라도 하나씩 던지는 것이 좋다. 잘못 던져 도화지 밖으로 나간 것은 다시 주워 던진다.

다 던지고 나서 도화지에 그려넣은 평행선에 걸려 있는 이쑤시개를 세어본다. 실제 시험해 본 결과를 다음과 같은 표로 작성해 보았다. 이 방법은 프랑스의 수학자 뷔퐁(1707~1788)이 고안해 낸 것으로, 흔히 '뷔퐁의 바늘'이라고 부른다.

표를 유심히 들여다보면 어떤 경향이 있음을 알 수 있다. 평행선의 간격을 a, 이쑤시개 길이를 k라고 했을 때(반드시 간격을 이쑤시개 길이보다 넓게 잡는다), 이쑤시개가 평행선에 걸칠 확률 p를 다음 수식으로 나타낼 수 있다.

그런데 참으로 이상한 일은 이 뷔퐁의 바늘(이쑤시개)의 확

뷔퐁

몽마르트에서 귀족의 아들로 태어나 영국에서 수학, 물리학, 식물학을 전공하였다. 한때 그는 아르키메데스가 시러큐스 싸움에서 사용했다는 각종 기계를 만들기도 했다.

■ 선에 걸린 개수(10개당)

회수	걸린 것	합계	확률
1회	3개	3개	0.300
2회	5개	8개	0.400
3회	3개	11개	0.367
4회	5개	16개	0.400
5회	3개	19개	0.380
6회	3개	22개	0.367
7회	4회	26개	0.371
8회	6개	32개	0.400
9회	4개	37개	0.411
10회	4개	41개	0.410

■ 뜻하지 않은 곳에서 뜻하지 않은 것이…

평행선의 간격＝a, 이쑤시개의 길이＝k라고 했을 때, 이쑤시개가 평행선에 걸릴 확률 p는

$$p = \frac{2k}{\pi a}$$

가 된다는 것을 알고 있다.

$p = \dfrac{2k}{\pi a}$ 그러므로 $\pi = \dfrac{2k}{p a}$

실험결과의 p=0.410, a=10, k=6.6을 대입시키면,

$$\pi = \frac{2k}{p a} = \frac{2 \times 6.6}{0.410 \times 10} = \frac{13.2}{4.1} = 3.2195$$

률 중에 'π'가 나타난 것이다. 그렇다면 이쑤시개를 던지는 것만으로도 π의 근사값을 구할 수 있다는 얘기인데, 다시 한 번 이쑤시개 던지기 실험을 해보자. 과연 이 실험으로 π=3.2195…의 값이 나올 수 있을까?

몬테카를로식으로 π에 도전한다

'뷔퐁의 바늘'을 발판으로 이쑤시개 실험을 통해 π에 접근해 보았다. 지금부터는 왜 π가 나오는지에 대해 설명하려고 한다.

다음 페이지 그림에서 보는 것과 같이 한 변이 2m인 정사각형판이 있는데, 반지름 1m의 원은 과녁을 나타낸다. 만약 활을 쏘

몬테카를로법

주사위나 난수(亂數) 주사위 등 우연을 이용하여 확률을 구하려는 수법이다.

는 사람이 아무렇게나 화살을 쏘아댄다면(판에서 빗나간 것은 다시 회수하여 사용함) 쏜 화살 중 몇 개 정도의 화살이 과녁에 명중하겠는가?

이것은 '정사각형과 원의 넓이'를 비교한 것과 같다. 원의 넓이는 'πr^2'이기 때문에, 반지름 r = 1이라면 넓이는 'π'이다. 그러므로 화살을 쏘아 정사각형의 판에 들어간 횟수를 m, 그 중 원 안으로 들어간 횟수를 n이라 할 때 그림과 같이 π를 구할 수가 있다.

아무렇게나 마구잡이식으로 화살을 쏘았지만 보다 많이 쏨으로써 확률적으로 정확한 π값에 접근하고, 이 때 컴퓨터를 이용하여 계산한다. 컴퓨터 쪽에서 무작위로 m을 취하고, 그 중 n개가 원 안에 들어간다는 계산을 해 내면 된다. 이렇게 해서 나온 것이 몬테카를로법이다.

몬테카를로법은 아르키메데스의 조임법과 다르며, 계산을 하면 할수록 π를 바싹 뒤쫓는 성질도 아니고, 단지 확률적으로 접근하려는 성질을 갖고 있다. 그렇다 해도 의외의 곳에 π가 숨어 있었던 것이다. 이것은 난수(亂數)의 발생을 바탕으로 하고 있기 때문에 제품의 표본검사 등에 널리 쓰이고 있다.

■ 과녁 한가운데 적중할 확률

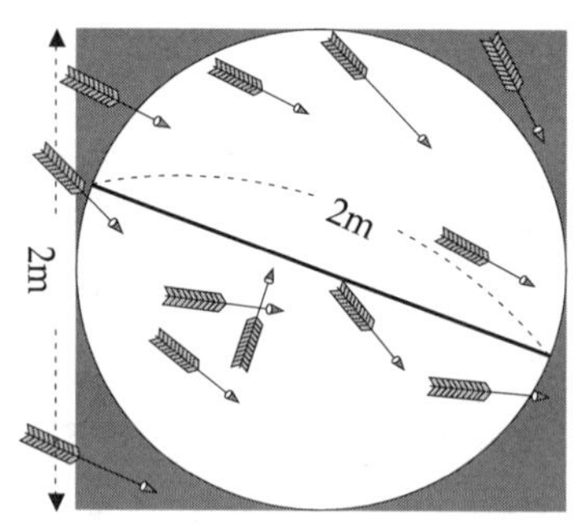

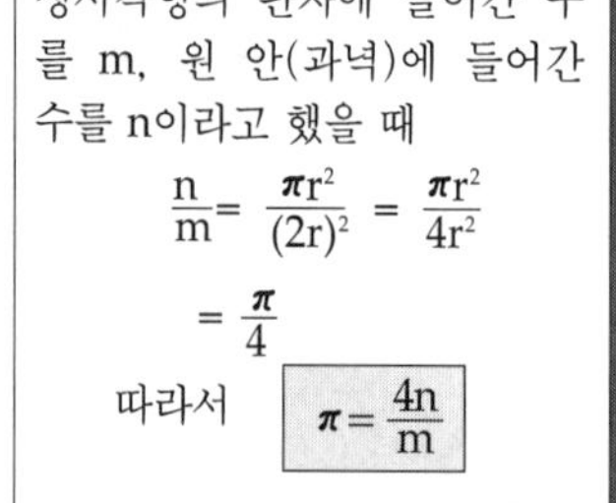

정사각형의 판자에 들어간 수를 m, 원 안(과녁)에 들어간 수를 n이라고 했을 때

$$\frac{n}{m} = \frac{\pi r^2}{(2r)^2} = \frac{\pi r^2}{4r^2}$$

$$= \frac{\pi}{4}$$

따라서 $\pi = \dfrac{4n}{m}$

몬테카를로법의 유래

몬테카를로법은 컴퓨터를 탄생시킨 폰 노이먼에 의해 생겨났다. 모나코의 도시 몬테카를로의 이름과 같다.

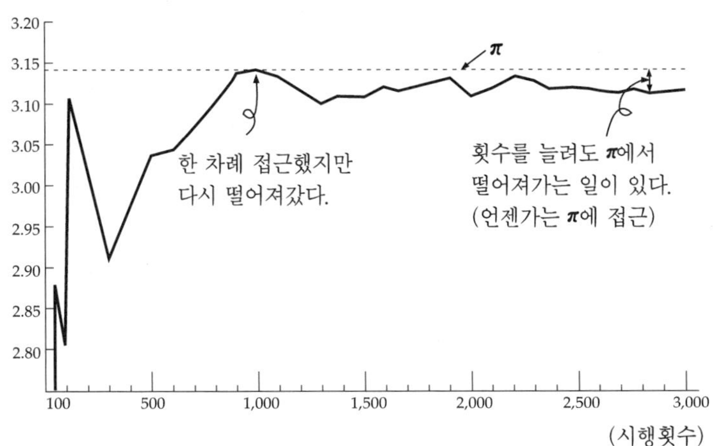

전염병에 의해 통계학이 탄생되었다

학창 시절 재미있게 공부하던 교과목 중 하나가 세계사였다. 세계사 시간을 통해 의미도 모르는 상태에서 머릿속에 각인된 역사적 사건들이 있는데, 그들 중 하나가 바로 유럽을 휩쓴 페스트(흑사병)의 유행이었다.

특히 뉴턴이 트리니티 대학에 다니던 당시(케임브리지 대학에 입학하기 전) 페스트가 크게 유행하던 시기가 있었다. 이 때문에 학교가 거의 휴교 상태에 들어갔고, 길거리를 걷는 사람들은 페스트를 방어하기 위한 복장을 하고 다녔다.

런던에서는 각 교회가 주축이 되어 데이터를 수집하여 해마다 사망표를 발표했는데, 이를 눈여겨본 상인 존 그랜트(1620~1674년)는 무려 23년치의 사망표를 수집하여 이것을 바탕으로 '사망

사망통계

런던에서의 사망기록 통계는 1562년에 비로소 작성되었는데, 1594년부터는 엘리자베스 여왕의 명령에 의해 매주 발표되었다. 그것은 페스트 공포에서 비롯된 유언비어를 추방하기 위해서였다고 한다.

■ 이것으로 페스트를 예방했다 ?

표에 관한 자연적 현상과 정치적 고찰'이라는 글을 발표하였다. 그 후 존 그랜트의 발표문을 근거로 1693년 에드먼드 핼리가 그 유명한 생명표를 발표하였다. 이로 인하여 '생명보험제도'라는 새로운 제도가 만들어지게 되었다.

'혜성이 생명의 원천과 전염병을 몰고 온다'는 속설이 예로부터 전해져 내려오고 있지만, 핼리 혜성의 재앙을 예측한 핼리(그 자신은 핼리 혜성이 다시 올 때까지 살아 있지 못했다)에 의해 생명보험이 만들어졌다는 것은 그저 우연한 일만은 아닌 듯싶다.

런던 대화재에서 비롯된 화재보험의 탄생

유서 깊은 런던 브리지 위에는 과거 많은 점포와 집들이 늘어서 있었지만 몇 번의 큰 화재로 인하여 거의 소실되고 말았다. 런던은 비교적 화재가 많이 일어나는 도시인데, 그 중에서도 1660년에 일어난 화재가 역사적으로 유명하다. 그 화재는 삽시간에 런던 시가지를 태워 잿더미로 만들어 버렸는데, 강인한 영국 국민의 의지

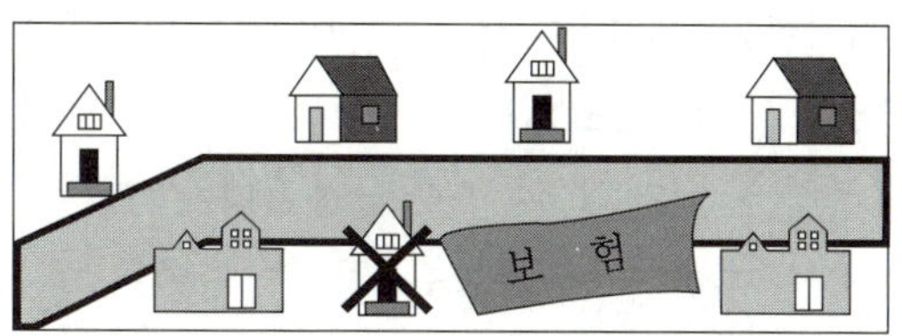

로 오늘의 화려한 런던 시가지가 재건되었다. 그리고 이들이 겪은 뼈아픈 재난의 고통을 바탕으로 화재보험이 태동하게 되었다.

원래 보험은 다음과 같은 필요성에 의해 만들어졌다. 예를 들어 어느 마을에 1백 가구의 집이 모여 살고 있는데, 그 중 1년 동안 3가구가 화재를 당하여 3천만 원에 해당하는 피해가 발생했다고 하자. 이때 각 가구에서 30만 원씩을 도와주면 그 피해액을 보상해 줄 수 있다는 이웃간의 상부상조의 협동체제라고 할 수 있다.

그런데 이러한 화재발생 건수를 예측하는 데는 '대수(大數)의 법칙'이 필요하다. 그 이유는 어떠한 집단을 대상으로 오랜 기간 동안 관찰해 보면 하나의 확률을 발견할 수가 있기 때문이다. 따라서 사망건수, 화재건수의 추정이 바로 대수의 법칙을 통해 이루어진다.

맞선에 성공하는 방법

요즘 들어 이성들끼리 맞선을 보고 결혼하는 경향이 늘어나고 있는 듯하다. 물론 중매인이 양자의 결합을 유도하는 것이다.

그런데 만일 당신이 맞선을 보고 나서 그 여성이 매우 마음에

들었다고 가정하자. '당장 이 여성과 결혼해도 불만이 없을 것 같다'는 생각이 들었으나 내일 또 다른 여성과 맞선을 보고 그 여성에게 더 매력을 느낄 수도 있다.

그래서 성급하게 어제의 여성을 단념했다. 그러나 그 후 곰곰이 생각을 해보니 '어제 만난 여성을 택했더라면……' 하는 후회가 들 수도 있을 것이다.

지금 네 사람의 여성과 맞선을 보고 그 중 한 사람과 결혼을 한다고 가정하자. 편의상 이 여성들을 A, B, C, D로 구분하되, 이 순서에 따라 마음에 든다고 하자. 그리고 한 번 거쳐가면 다시는 만날 수도 없으며 한 번 결정하고 나면 다음 사람도 만나볼 수가 없다고 하자. 그렇다면 A와 다시 만날 수 있는(누가 A인지 아직은 불분명한 상태) 가능성을 높이는 방법은 없는 것일까?

우선 네 사람의 여성이 나타나는 순번은 그림에서 알 수 있듯이 모두 24번이다(3사람이라면 6번에 지나지 않으며, 5사람이라면 120번이 된다). 어쨌든 첫 번째 여성은 일단 거치게 된다. 그리고 두 번째 여성이 첫 번째 여성보다 마음에 든다고 생각되면 곧장

■ 맞선의 차례가 5사람일 경우는 120번!

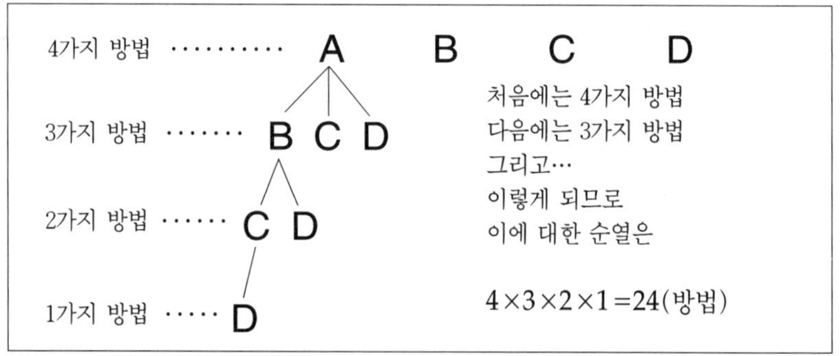

순열 공식

n개 중에서 r개를 끄집어내 늘어놓는 방법은 $_nP_r = n(n-1)(n-2) \cdots (n-r+2)(n-r+1)$

결정을 하게 될 것이다. 그러나 두 번째 여성도 마음에 들지 않으면 세 번째, 네 번째 여성으로 옮겨가게 된다.

굳이 이런 방식을 취한다면 A여성과 다시 만날 확률은 도표에 의한 계산방법에 따라 $\frac{11}{24}$이라는 매우 높은 수치가 된다.

그러나 A여성이 최초에 등장($\frac{1}{4}$)할 때에는 B~D 중의 누군가가 되겠지만, 기대값은 그래도 좋은 편이어서 1.875가 되는 것이다. 특히 맞선 상대를 늘림에 따라 거쳐가는 인원수도 늘려가야 한다.

■ A를 만날 확률을 구해보자

맨 처음에 A씨가 나타나면 'A씨 획득작전'은 성립되지 않는다.
따라서 B, C, D씨가 나타났을 때를 생각해 본다.

● 가장 먼저 D씨가 나타날 때 … 이럴 경우 A씨는 곧바로(2번째) 등장해야 하기 때문에

$$\frac{1}{4} \times \frac{1}{3} = \frac{1}{12}$$

● 가장 먼저 C씨가 나타날 때 … 이 경우는 2번째로 A씨($\frac{1}{3}$)나 D씨가 나오든가($\frac{1}{3}$), 세번째로 A씨가 나와야 한다.

$$\left(\frac{1}{4} \times \frac{1}{3}\right) + \left(\frac{1}{4} \times \frac{1}{3} \times \frac{1}{2}\right) = \frac{3}{24}$$

●가장 먼저 B씨가 나타날 때 … 이 경우는 B씨를 뛰어넘을 사람은 A씨 본인이 아니기 때문에 안심하고 마지막까지 기다린다.

$$\frac{1}{4}$$

따라서 3가지의 경우 모두를 더하면 $\frac{1}{12} + \frac{3}{24} + \frac{1}{4} = \frac{2+3+6}{24} = \frac{11}{24}$

조합 공식

n개 중에서 r개를 선택하는 방법은 nCr = $\dfrac{nPr}{r!}$ = $\dfrac{n\,(n-1)(n-2)\cdots(n-r+2)(n-r+1)}{r\,(r-1)(r-2)\cdots \times 2 \times 1}$

■ 네 사람과 맞선을 보고 한 사람을 통과할 때의 기대값

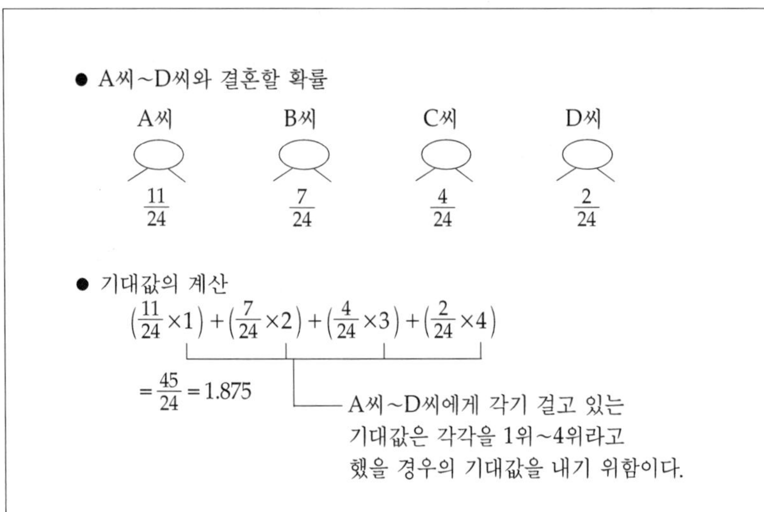

$$\left(\frac{11}{24}\times 1\right)+\left(\frac{7}{24}\times 2\right)+\left(\frac{4}{24}\times 3\right)+\left(\frac{2}{24}\times 4\right)$$

$$=\frac{45}{24}=1.875$$

■ 맞선 보는 사람수와 기대값의 관계

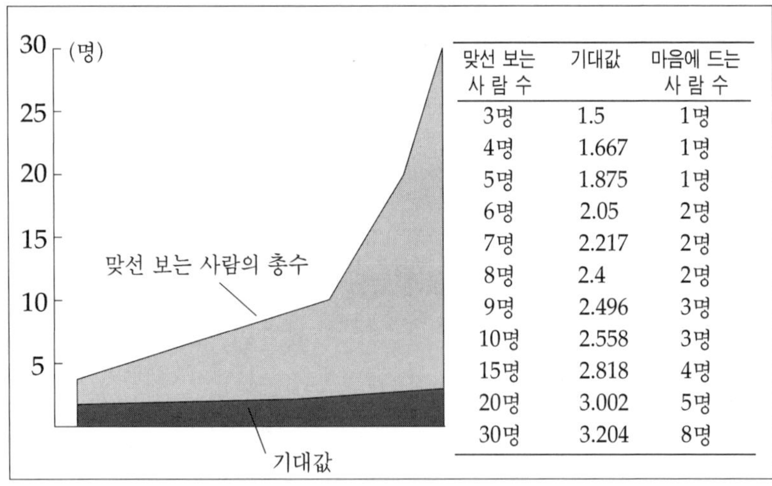

맞선 보는 사람 수	기대값	마음에 드는 사람 수
3명	1.5	1명
4명	1.667	1명
5명	1.875	1명
6명	2.05	2명
7명	2.217	2명
8명	2.4	2명
9명	2.496	3명
10명	2.558	3명
15명	2.818	4명
20명	3.002	5명
30명	3.204	8명

생일이 일치하는 것은 우연한 일인가

한 그룹 내에서 생일이 같은 사람을 가끔 발견할 수 있다. 본래 어떤 특정한 날에 태어날 확률은 $\frac{1}{365}$(또는 $\frac{1}{366}$)에 불과하기 때문에, 가령 40명 정도의 그룹일 경우는 $\frac{40}{365}$이어서 생일이 똑같은 사람이 나오기란 그리 쉽지 않은데, 그 이유는 무엇 때문일까? 역으로 '40명의 그룹이라 해도 단 한 사람도 생일이 같은 사람이 없는 경우'를 생각해 보면 쉽게 이해할 수가 있을 것이다.

우선 1년을 366일(윤년에 태어난 사람도 있으므로)로 잡는다. 40명의 그룹일 경우 한 사람도 생일이 같지 않을 확률은 제시된 수식처럼 계산을 하면 된다. 40명 가운데 생일이 같은 사람이 없는데도 불구하고 90%의 확률을 나타낸다면 적어도 한 쌍 정도는 있다는 결론이 된다.

■ '생일이 똑같은 사람은 없다' 라고 역으로 생각한다

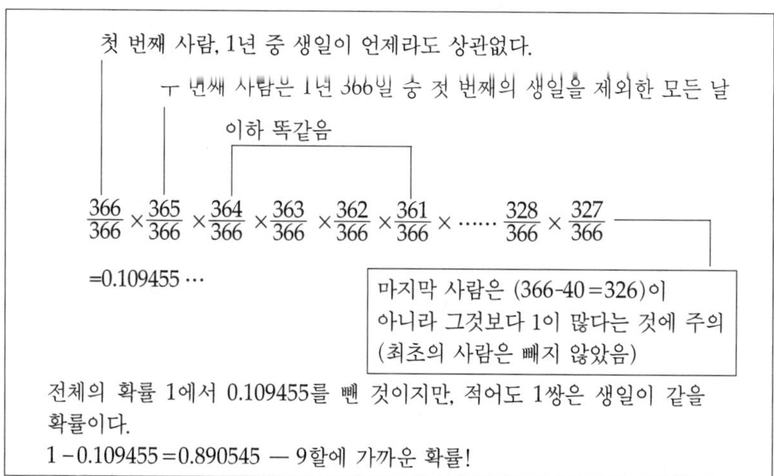

수식의 계산 중 착각하기 쉬운 것

분자의 366에서 빼는 '마지막 수'이다. 자신도 모르게 (366-40=326)으로 계산하기가 쉽다. 그러나 이것은 잘못된 것이다. 마지막은 그것보다도 하나 더 많다는 데 주의해야 한다.

주사위 던지기에서 비롯된 확률

흔히 확률이라고 말하면 도박성이 배제된 것처럼 느껴지지만, 사실상 확률의 기원은 주사위 놀이에서 비롯되었다.

1654년 프랑스의 귀족 드메레는 친구인 수학자 파스칼 앞으로 'A와 B 두 사람이 주사위로 승부하여 먼저 3번 이긴 사람이 판돈을 모두 갖기로 합의하였다. 그런데 지금 A가 두 번 이기고 B가 한 번 이긴 상태에서 승부를 중지하지 않으면 안 될 급박한 사정이 있다면 판돈을 양자가 어떻게 나누어 가져야 하겠는가?' 하는 내용의 편지를 보냈다.

파스칼은 이 문제를 페르마와의 서신교환 과정에서 해결하였다. 아래의 식을 보면 알 수 있듯이 'A의 승리'에만 눈을 돌려 생각하면 쉽게 대답이 나온다.

주사위 던지기의 세계는 우연이 지배하는 세계이다. 앞으로 어떤 수가 나올지, 어느 쪽이 이길 것인지에 대해서는 오직 신만이 알고 있다. 경우에 따라서는 단번에 만회해 버리는 일도 있다. 그러나 파스칼이나 페르마는 '우연 속을 꿰뚫는 법칙(확률)'이 존재

■ 승부를 중지했을 경우 판돈의 분배방법은?

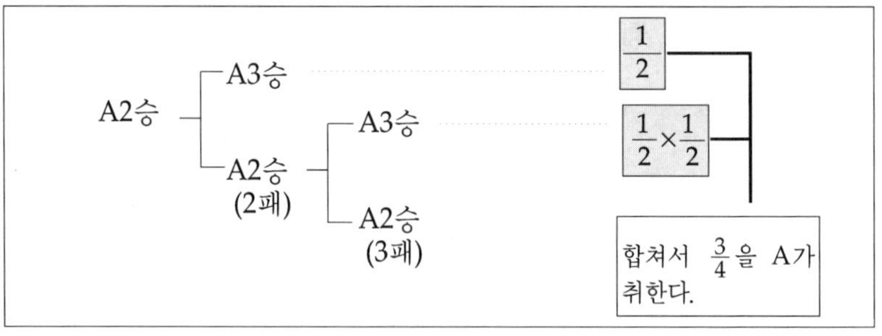

주사위 놀이는 고대부터

인간들이 생각하는 것, 즐기는 놀이 등은 예나 지금이나 조금도 다름이 없는 모양이다. 이집트의 유적에서 주사위가 발견되었는데, 주사위 놀이로 승부를 가려 맥주(내기)를 즐겼던 흔적도 있다.

함을 발견해 낸 것이다. 그때까지만 해도 $y=2x$라면 $x=2$일 때 $y=4$라고 결정하는 것과는 크게 다른 수학의 탄생이었다.

자신이 죽을 날을 예언한 확률의 선구자

카르다노(1501~1576)는 이탈리아의 의사이며 수학자이다. 그는 대수방정식의 해법을 연구했으며, 계몽가로서도 많은 저서를 남겼다.

그의 일생은 파란만장으로 점철되었는데, 도박도 무척 즐겼던 모양이다. 그는 풍부한 도박 경험을 통해 '2개의 주사위를 던졌을 경우 양쪽 주사위의 눈금을 합쳐보고 어디에 걸면 유리한가'를 계산해 냈다고 한다. 확률의 창시자는 파스칼이라고 전해지고 있지만, 카르다노는 파스칼보다도 100년이나 앞선 확률의 선구자이다.

그는 점성술에도 능하여 자신이 '1576년 9월 20일에 죽는다'고 예언했다. 그러나 그 날이 되어도 죽지 않자 자신의 명성을 지키기 위해 자살하였다.

가위바위보를 해서 절대로 지지 않는 법

'가위바위보로 10번 승부를 하되 내가 2번 이상 지게 된다면 당신의 일을 도와드리겠다. 그러나 똑같은 수법을 두 번 계속해서 사용하면 안 된다.' 이와 같은 규칙을 전제로 한다면 여러분이 실수만 하지 않는 이상 절대로 지는 일은 없을 것이다.

예를 들어 상대가 처음에 가위를 냈다면 다음부터는 상대가 조금 전에 내놓은 것(가위)에 지는 것(보)을 내면 된다. 무승부는

🐉 카르다노의 해법

타르탈리아가 "누구에게도 누설하지 않는다"는 약속하에 가르쳐 준 삼차방정식 해법을 카르다노는 함부로 공표해 버리고 말았다. 그래서 현재까지도 '카르다노의 해법'으로 명성을 떨치고 있다.

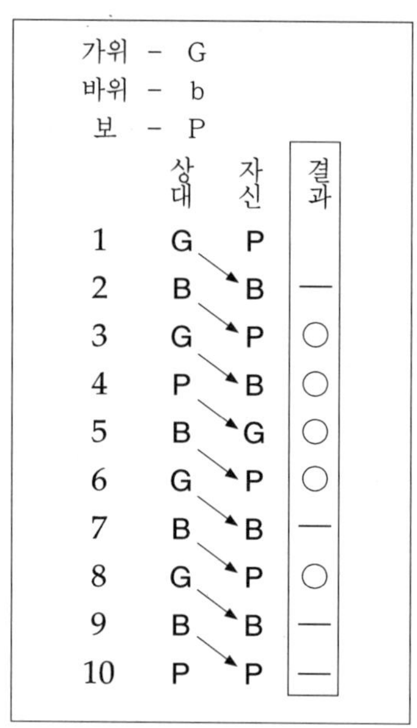

있지만 결코 지는 일은 없다(처음 한 번은 질 수도 있다). 가위바위보는 세 가지 방법으로 비로소 성립되는 게임이기 때문이다.

8

재미있는 미분 · 적분 이야기

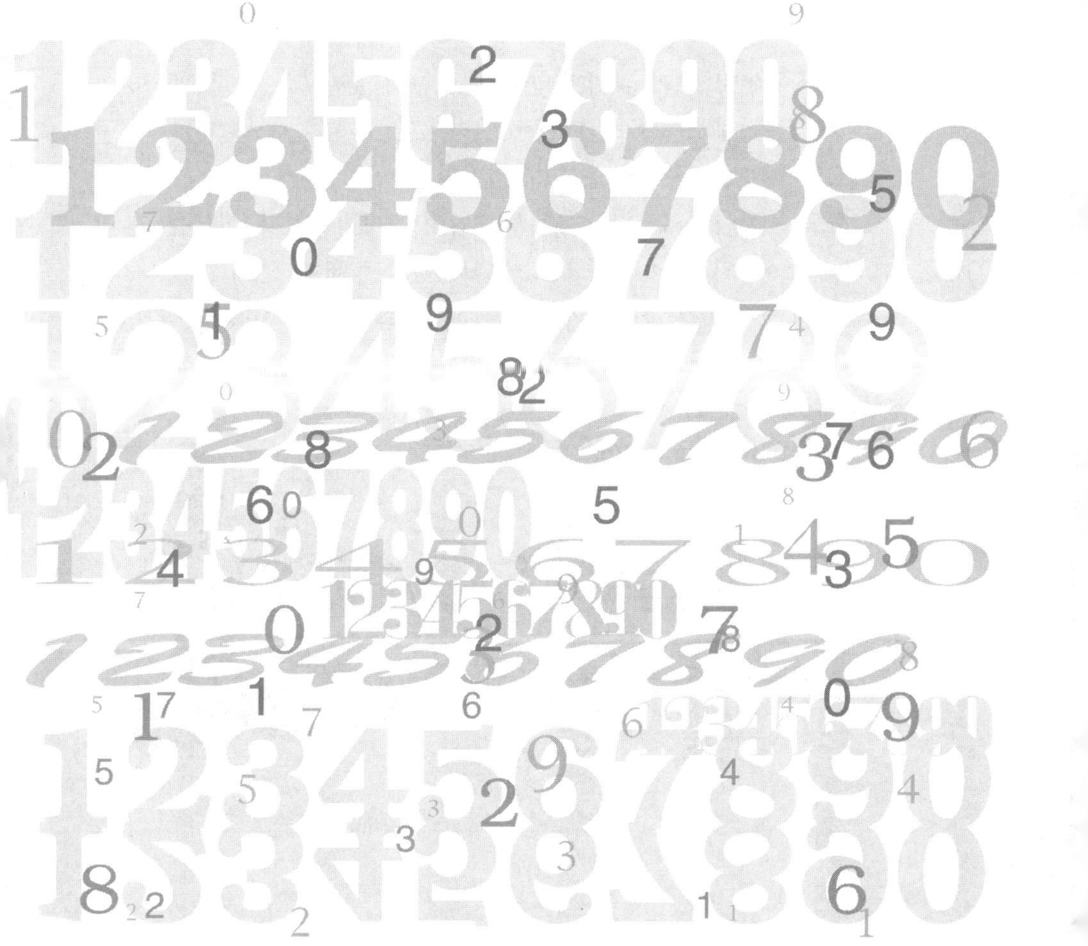

케플러의 술독은 적분의 이정표

"수학자 케플러는……" 하고 말하면 "아니야! 그는 천문학자란 말야" 하고 말을 막을지도 모르겠지만, 그는 확실히 훌륭한 수학자임에 틀림없다. 특히 적분학(積分學)을 처음으로 연구하였다.

다뉴브 강변의 린츠 지방은 양질의 포도주 산지인데, 1612년에는 특히 포도 재배가 풍작이어서, 마침 그 곳에 체류 중이던 케플러는 독 단위로 포도주를 구입하려고 했다.

그런데 당시 장사꾼들이 항아리 안에 든 포도주의 양을 재는 방법은 어설프기 짝이 없었다. 즉 눈금이 그어진 막대기를 술통 속에 세워놓고 술이 막대기 눈금 어디쯤에 젖어 있는가를 확인하여 양을 측정하고 값을 받았던 것이다. 그것도 넓이가 똑같은 원기둥 모양의 통이라면 별 문제가 없겠지만, 양쪽 배가 불룩 튀어나온 포도주 항아리의 경우는 매우 불합리한 방법이었다. 어쨌든 이 같은 장사꾼의 측정 방식으로는 술의 양을 정확히 잴 수 없었다. 거기에다 포도주 항아리의 튀어나온 부분까지 고려한다면 간단한 기하학적 계산으로는 곤란할 것이다.

■ 항아리의 부피를 구하는 방법

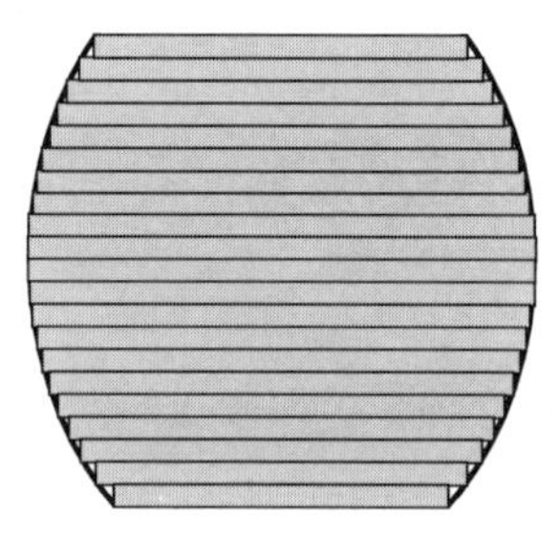

그래서 케플러는 그림에서 보는 것처럼 작고 가늘게 구분한 도형으로 독을 재현하여 그 조각들을 집계함으로써 독의 부피를 산출하였다.

타원이 마음에 들지 않았던 케플러

천문 관측자로 알려진 티코 브라헤(1545~1601)는 덴마크의 왕 루돌프 2세로부터 천문 관측을 위한 배려로 후벤섬까지 제공받아 무려 20년 동안 육안에 의한 천문 관측을 하였다(망원경은 그 후에 발명). 브라헤는 좀 엉뚱한 데가 있었지만 관측자로서의 수완은 매우 정확했다고 한다.

그의 제자 케플러는 브라헤가 죽은 후 브라헤의 관측 데이터(특히 화성에 관한 데이터)와 코페르니쿠스가 주장한 지동설의 일치를 시도해 보았지만(케플러는 코페르니쿠스의 지지자였다) 결국 실패하였다. 그 이유는 화성이 태양 주위를 원운동을 하며 돌고

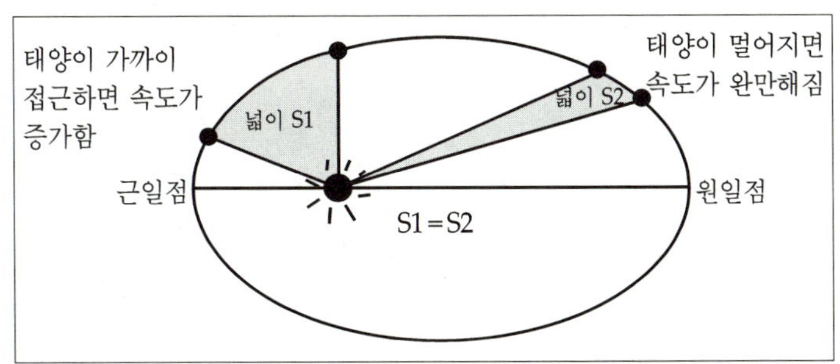

■ 케플러의 법칙은 포도주 항아리의 계산을 응용한 것이다

있다는 코페르니쿠스의 주장과 모든 행성은 타원 운동을 한다는 브라헤의 관측 데이터가 일치할 리 없었기 때문이었다.

케플러는 현실적인 데이터 때문에 마지못해 '행성의 공전궤도는 태양을 하나의 초점으로 한 타원궤도'라는 것을 인정(제1법칙)했다. 그리고 뒤를 이어 제2법칙에서는 방대한 필산에 의해 그림처럼 '태양과 한 행성을 잇는 선이 일정한 시간에 그리는 부채꼴의 넓이는 일정하다(그림 중 회색 부분)'는 가설을 내렸다. 그는 부채 모양의 넓이를 아주 가늘게 잘라가며 근사값에 가깝게 계산하였다. 이것은 지난 날 케플러가 술통 안의 포도주 양을 정확히 측정하기 위해 응용한 방법과 같다.

타원형의 넓이를 정확히 구하려면 뉴턴이나 라이프니츠에 의해 발견된 미적의 등장(17세기)을 기다리지 않으면 안 되겠지만, 이 케플러의 제2법칙을 보면 그는 방대한 수의 계산을 미적에 가장 근접하게 계산했음을 추측할 수가 있다.

그러나 수학자란 이상한 고집이 있어서 '원은 완벽한 것이지만

■ 포도주 항아리와 같은 '적분'으로 생각한다면

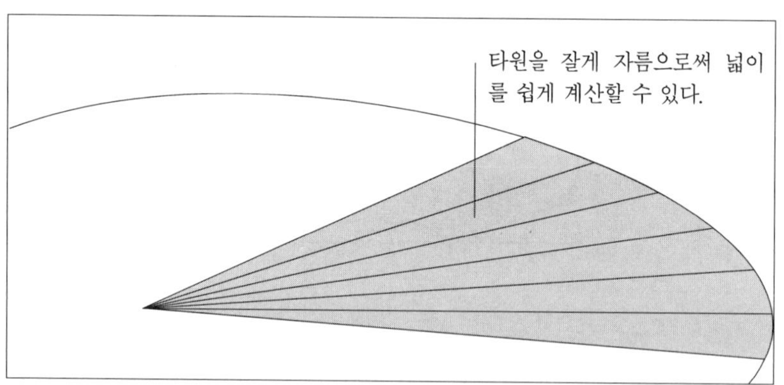

행성의 운행은 '원 운동에 가까운 타원'

태양에서의 거리 중 '최대거리와 최소거리의 비를 구하면, 지구 1.034, 금성 1.013이고 멀리서 돌고 있는 해왕성도 1.018로서 정확한 원에 가깝다. 케플러를 곤혹스럽게 만든 것은 화성의 1.206이었다.

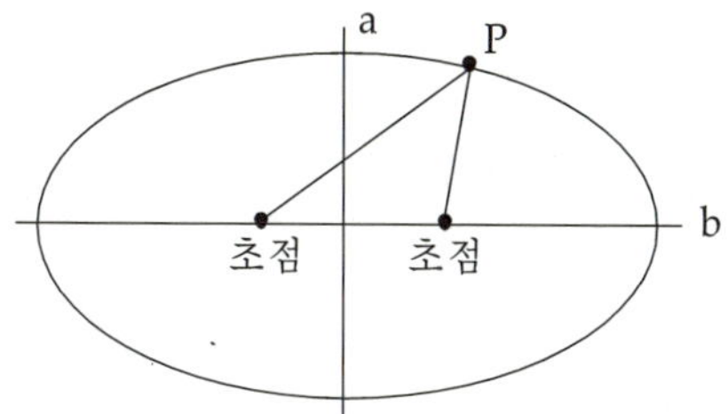

타원은 불완전한 것' 이라는 관념에서 빠져나오지 못한 탓으로 케플러는 우주 운행에 불완전한 타원 운동을 도입하지 않을 수 없었던 것이 원통하다고 말했다.

그런데 수학상의 타원이란 '2개의 초점을 지닌 자취'를 말한다. 따라서 위 그림처럼 2개의 핀과 연필로 타원을 손쉽게 그릴 수 있다. 그리고 태양은 두 초점 중 한 곳에 위치하고 있는 것이다.

미적의 아버지 라이프니츠의 약점은 수학이었다

뉴턴과 함께 미분·적분을 만들어 낸 사람은 독일의 라이프니츠(1646~1716)이다. 그는 만능 천재이고 볼 길 만큼 두뇌가 명석한 인물로서, 어학을 비롯하여 철학, 신학, 정치학의 모든 분야에 뛰어났다.

그러나 뜻밖에 라이프니츠는 수학에 대해서만은 자신이 없었던 모양이다. 그는 1671년 파리에서 유학을 하고 있었는데, 그때의 스승 호이겐스는 제자 라이프니츠에 대해 "자네의 수학 능력이 향상되지 않는 한 자네는 자신의 능력을 충분히 발휘할 수 없어!" 하고 준엄하게 지적하였다고 한다.

라이프니츠는 수학에 모든 것을 걸기보다는 정치나 교섭기술을 위한 기호론이나 철학에 더 많은 관심을 두었으며, 그 수단으로서

🦅 라이프니츠의 불우한 만년

라이프니츠의 마지막 반생은 매우 불우했다. 족보 연구라는 따분한 일만 맡아서 하던 중, 주인격인 하노버 공이 영국왕이 되어 도버 해협을 건넜을 때에는 홀로 남게 되었으며, 심지어 그의 장례식에는 비서 한 사람밖에 참석하지 않았다고 한다.

필요한 수학지식을 얻고자 했던 모양이다.

이집트 침략을 권유한 라이프니츠

수학자라고 하면 정치에는 거리가 먼 존재라고 생각할지 모르지만, 라이프니츠는 1670년 적국 프랑스의 루이 14세에게 '이집트 침략'을 건의하였다. 라이프니츠는 프랑스의 국무장관에게 호출되어 파리에 갔지만 만나고자 했던 루이 14세를 만나지도 못하고 돌아오게 되었다. 더불어 휴대한 문서 또한 하노버 도서관에서 잠자는 신세가 되었다.

이런 일이 있은 지 130년이 지난 1803년, 나폴레옹이 하노버를 점령했을 때 100년 전에 독일의 한 수학자가 '이집트 침략'을 프랑스에 진언한 문서를 발견하고 크게 경악했다고 한다(나폴레옹의 이집트 침략은 1798년). 라이프니츠가 노렸던 것은 루이 14세의 이집트 침략을 통해 프랑스의 공격을 자국(독일)을 뺀 다른 나라로 유도하기 위한 것이었다.

미분은 매우 작아 현미경으로 간신히 볼 수 있다

인간의 눈으로 볼 수 있는 것에는 한계가 있다. '눈에 보이는 것은 끝없는 지평선', '한없이 펼쳐지는 대평원'. 지구는 참으로 넓고도 크지만, 우리가 볼 수 있는 것은 극히 일부분에 지나지 않는다.

예를 들면 하늘을 뒤덮고 있는 구름을 보고 다른 지역의 일기상태를 상상해 볼 뿐이다. 그래서 '지금쯤 인천 쪽에 비가 오겠지.

인간은 어디까지 볼 수 있나?

'도대체 인간은 지구의 어디까지 볼 수 있는 것일까?' 이는 '피타고라스의 정리'로 간단히 계산할 수 있다(제5장 〈한라산 정상에서는 어디까지 볼 수 있는가〉 참조). 물론 산이나 건물 등 장애물이 없는 것을 전제로 한다.

■ 수평선에서 보이는 것은 지구의 극히 일부분일 뿐이다

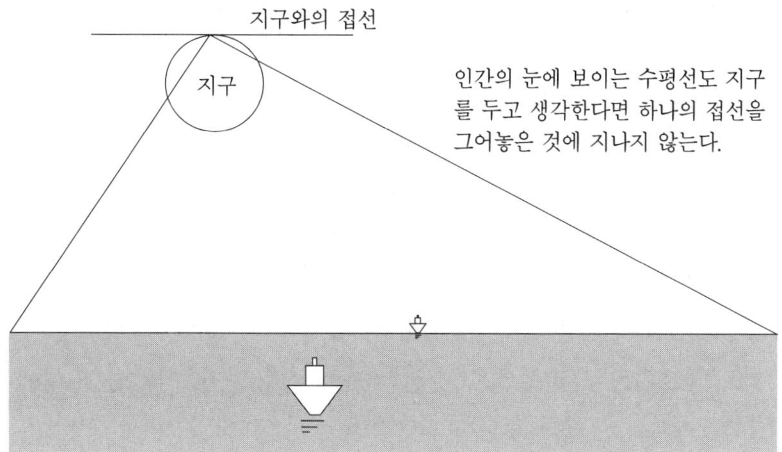

■ 현미경으로 곡선을 관찰하면

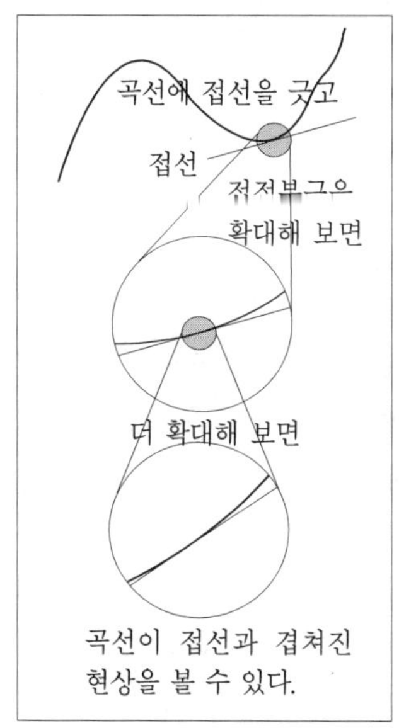

미분할 수 없는 점

뾰족하게 꺾은선 그래프를 확대하고 또 확대하더라도 똑같은 형태가 나타나는 닮은꼴 도형(프랙탈 도형 기하)에는 접선을 그을 수가 없다. 이런 것들이 '미분할 수 없는' 도형이다.

아니 영등포 쪽에 빗방울이 떨어지고 있을지도 몰라' 하는 추측을 해보기도 하는 것이다. 결국 인간은 지구의 아주 한정된 한 부분밖에 보지 못한다. 바다 저 끝으로 보이는 수평선도 지구에 접선을 그어놓은 것과 다름없다.

모든 것을 그림으로 그려놓으면 한눈에 잘 볼 수가 있다. 그래도 인간은 동물 중에서 몸집이 큰 편에 속하기 때문에 멀리까지 볼 수 있지만, 개미나 아메바나 바이러스라면 과연 무엇을 얼마만큼 볼 수 있을까?

앞의 그림과 같은 곡선이 있을 때 접선을 긋는다는 것은 그 도형을 극한까지 현미경으로 주시하는 작업과 같다. 이처럼 도형에 접선을 긋고 그 점의 성질을 조사하려고 하는 것이 '미분'이다.

미분이라고 표현하면 마치 수학의 어려운 대명사처럼 들리겠지만, 쉽게 말해 현미경으로 물체를 크게 확대했을 때 그 도형이 어떠한 성질의 것인가를 조사하는 것이라고 생각하면 된다.

차량의 속도를 아는 방법

고속도로를 차로 달리다 보면 자동차의 속도계 바늘이 80km → 90km → 100km로 올라간다. 이것은 '시속'을 가리키는 것으로 '한 시간당 평균 속도'를 나타낸다. 따라서 30분 동안이라도 속도를 측정할 수 있으며, 심지어 10분, 5분, 1분, 30초, 5초, 1초, 0.5초 등으로 측정하는 시간의 폭을 좁혀나가면 나중에는 매우 짧은 시간 동안의 속도, 즉 순간속도를 구할 수 있다.

이는 미분의 원리를 설명한 것이다.

■ 순간속도를 구하는 것이 미분의 역할

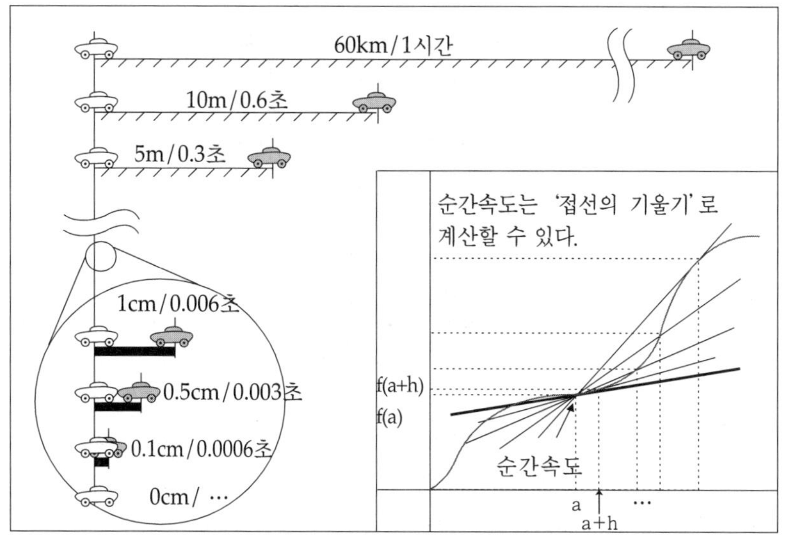

넓이를 산출하는 것은 의외로 어렵다

중학교 시절 '넓이'에 관한 문제는 쉽게 이해되지 않았다. 예를 들면, 길이가 30cm와 50cm라면 80cm의 '길이'가 된다는 것은 알고 있지만, 왜 '길이와 길이를 곱하면' 길이가 아니라 '넓이'가 되는지, 왜 (세로)×(가로)는 옳고 (세로)×(빗변)은 잘못된 것인지, 도대체 넓이에 대한 개념이 서지 않았다.

만약 우리가 이 문제를 아이들에게 가르친다면, 학교에서 가르쳐주는 방법은 별개로 하고, 다음 페이지 그림처럼 그려서 설명하면 아이들이 이해하기가 훨씬 빠를 것이다.

우선 한 가닥의 굵은 줄을 약 30cm 정도의 길이로 긋는다. 이것

카네비의 원리와 적분

순간순간의 속도와 방향을 적분해 감으로써 '현재 위치'를 산출한다. 이것이 자동차나 비행기, 선박 등에 응용되고 있는 내비게이션(navigation) 시스템의 구조이다(위성에 이용하는 경우도 있다).

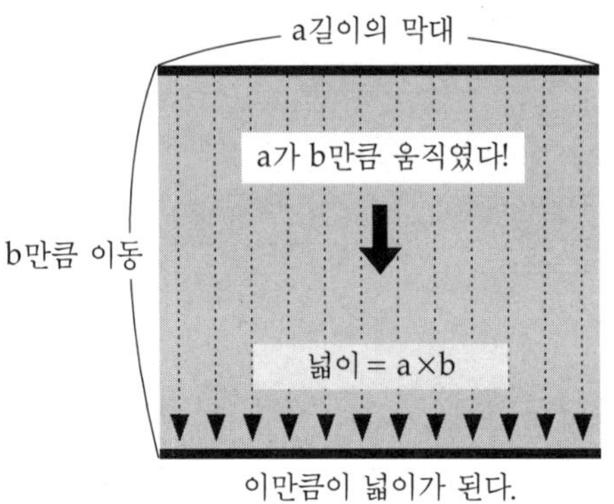

을 50cm 정도 평행이동시킨다.

이렇게 한 다음 아이들에게 질문을 하면서 차근차근 설명한다. "이 이동된 부분(검은 부분)의 크기를 어떻게 생각하지? 바로 이것이 '넓이'라는 것인데, 30cm의 길이가 50cm만큼 (직각으로) 움직였기 때문에 30×50이 된단다" 하고 설명해 준다면 보다 쉽게 넓이의 개념을 이해하게 될 것이다.

자! 직사각형을 이해했으면 다음은 삼각형으로 옮겨본다. 그대로라면 삼각형의 두 변을 곱해 주기가 쉽지만, '직사각형 곱셈은 직각이 된 변끼리 곱한다'는 것을 염두에 두고 계산한다.

어렵게 생각하지 않도록 점선으로 둘러싸인 듯이 표시를 해 주면, 아이들은 이것이 직사각형이 되어 삼각형의 높이와 밑변을 곱하면 된다는 생각이 떠오르게 될 것이다. 여기에서 삼각형의 넓이는 점선으로 둘러싸인 직사각형의 절반에 해당한다. 이러한 방법으로 이해시키면 공식도 쉽게 기억할 수 있을 것이다.

따라서 제3장 〈왜 원의 넓이는 'πr^2'이 되는가〉를 참조하여 원의 넓이를 구하는 방법을 알려준다면 아이들은 쉽게 이해하게

넓이에 관한 새로운 생각

넓이는 '1단위'의 것을 몇 개 놓을 수 있을까 하는 발상에서 시작된다. 이 1단위를 점점 작게 해가는 생각이 '적분'이다.

■ 삼각형의 면적은 점선처럼 보완해 주면 이해하기가 쉽다

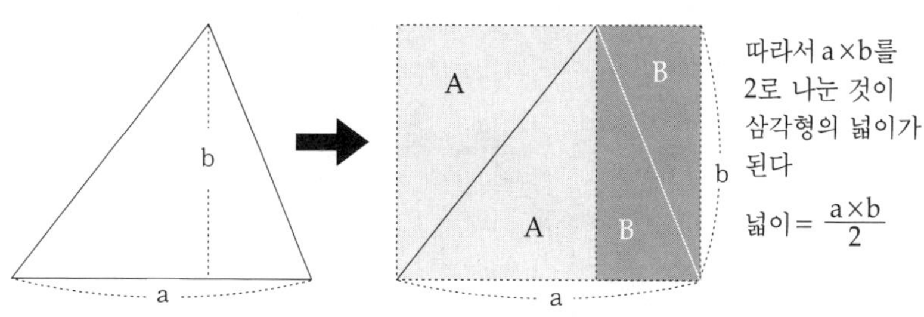

될 것이다.

그러나 거기에 등장하는 원주율(π)이 왜 3.14가 되며, 다음 페이지의 그림과 같은 곡선의 넓이는 어떻게 되느냐를 따지고 든다면 두 손을 들지 않을 수 없다. 이후부터는 극한까지 밝혀야 하는 미분, 적분의 사고가 필요해지기 때문이다.

■ 이 호수의 넓이는?

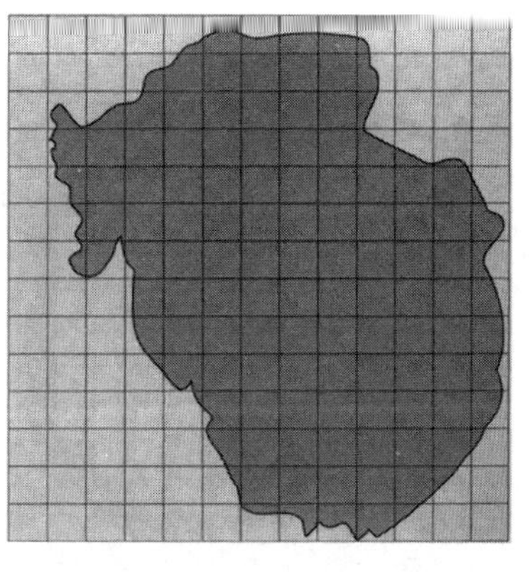

오른쪽 그림은 10만분의 1 지형도에서 호수를 1cm의 모눈종이 위에 그린 것이다.
그렇다면 이 호수의 대체적인 넓이는 어느 정도일까?
(M중학교의 출제문제 중에서)

🔎 **수학을 잘할 수 있는 지름길**

삼각형에 국한하지 않고 사다리꼴이나 평행사변형도 똑같은 방식으로 구할 수 있다. '왜 이런 공식이 나왔을까?', '왜 원뿔은 원기둥의 $\dfrac{1}{3}$ 인가?' 등을 자기 나름대로 이해하는 것이 수학을 잘할 수 있는 지름길이다.

해 답

전부 채워져 있는 것과 일부분만 채워져 있는 것의 2가지로 나누어 생각하는 것이 포인트이다.

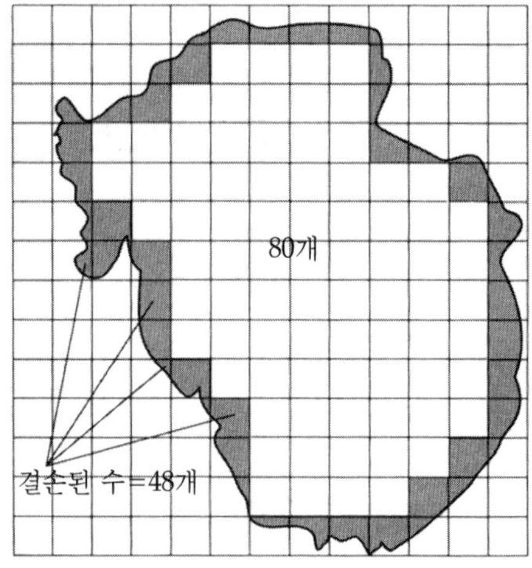

적분의 대목에서도 언급했지만 먼저 '완전한 정사각형'과 '결손된 정사각형'으로 나누어서 생각할 필요가 있다.

여기에서 완전한 것은 80개이고 결손된 것은 48개이다.

결손된 것 중에는 조금 결손된 것과 많이 결손된 것이 있지만 그것을 평균하여 2분의 1로 생각하면 무난하다.

그 합계는 다음과 같다.

$$80 + \frac{48}{2} = 80 + 24 = 104$$

이때 단위를 잊어서는 안 된다. '10만분의 1 지형도이기 때문에 그 지도의 1cm란 실제로는

$$1(\text{cm}) \times 100,000 = 100,000(\text{cm}) = 1,000\text{m} = 1\text{km}$$

정사각형 1개는 1km²가 되기 때문에, 답은 **104km²**이다.

🡒 소수부에 신경쓰지 말라

이 문제는 명확한 정답이 나오지 못한다. 실제 계산해 보면 103.5cm²가 나온다. 다소의 오차는 있지만 거의 정답 범위 안에 있다고 단정하고 그대로 처리한 것이다.

■ 곡선의 넓이는 이렇게 접근해 간다

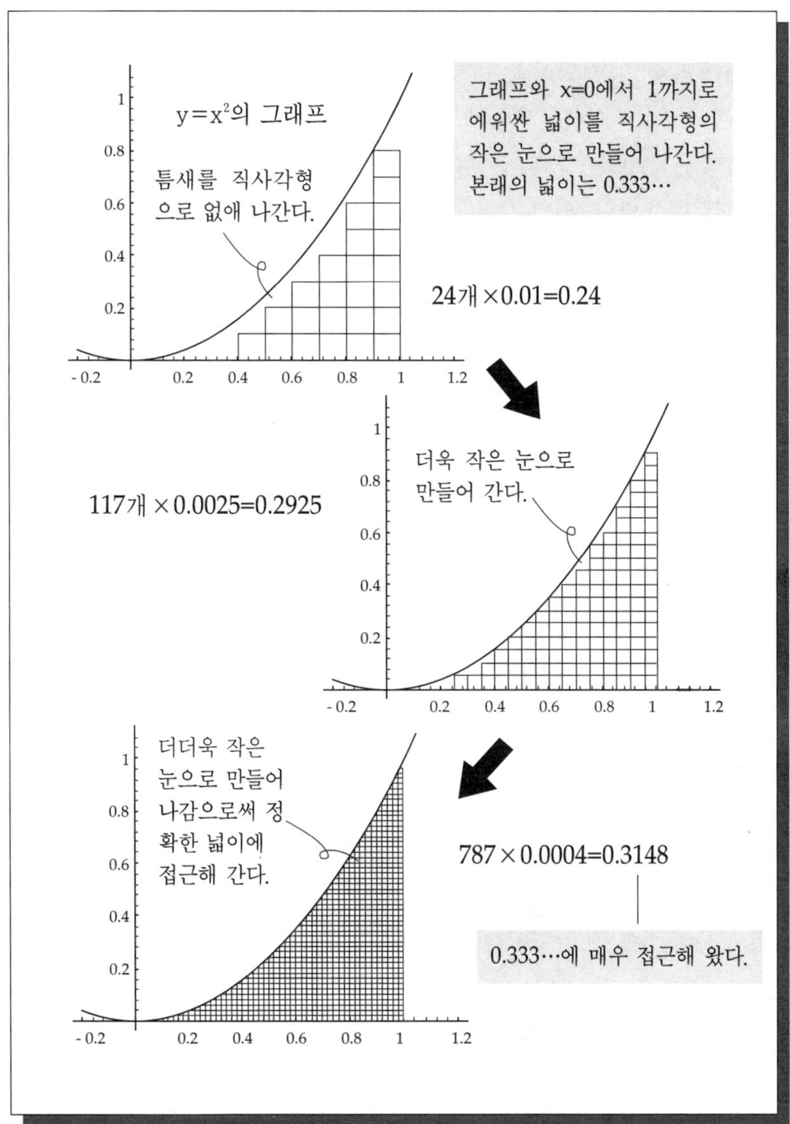

모두 떼어 버리는 법

처음에는 큰 □로 시작하여 서서히 □의 크기를 작게 해감으로써 정확한 넓이에 접근해 가는 것이 '조임법' 이다. 아르키메데스는 이것을 꺾은선으로 했다. □로 하는 것보다 효율이 좋다.

카발리에리의 원리로 간단히 부피를 알아낼 수 있다

18세기경 이탈리아의 수학자 카발리에리가 내놓은 '카발리에리의 원리'는 부피를 구할 때 매우 편리하다.

그것은 2개의 입체가 있을 경우 '평행으로 자른 단면적이 항상 똑같으면 2개의 부피도 똑같다'는 원리이다. 예를 들어 아래 그림과 같이 사각뿔이 2개 있다고 하자. 이것들을 평행으로 잘랐을 때 그 단면적이 항상 같으면 2개의 사각뿔의 부피는 동일하다는 것이다. 다시 말하면, '트럼프가 바르게 놓여지든 비스듬히 놓여지든 원래의 부피에는 변함이 없다'는 이치와 똑같다.

이같은 그의 원리는 여러 가지의 증명에 많이 이용되었다.

■ 평행으로 자른 단면적이 똑같으면 부피도 똑같다

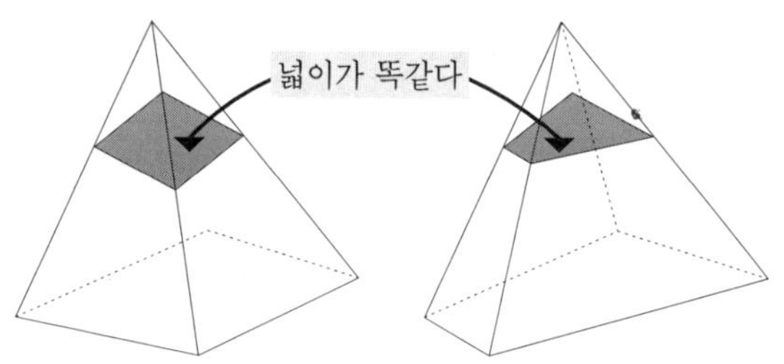

■ 트럼프를 비스듬히 놓아도…

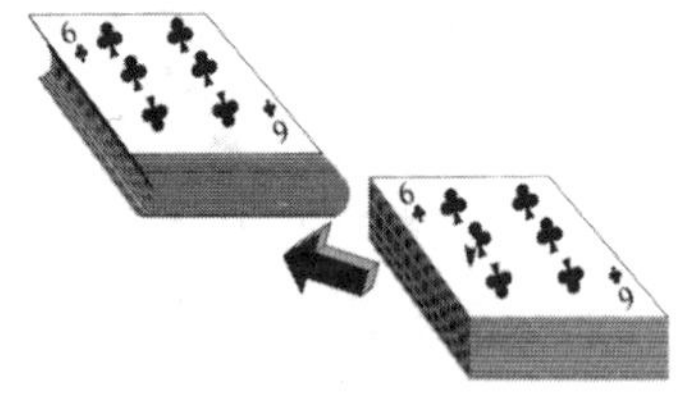

카발리에리의 지병

카발리에리(1598?~1647)는 수도사로, 지병인 제왕병을 잊기 위해 수학과 천문학 등에 전념했다고 한다. 그러나 그는 결국 그 병으로 죽었다.

왜 삼각뿔의 부피는 삼각기둥의 3분의 1인가

'삼각뿔의 부피는 삼각기둥 부피의 $\frac{1}{3}$이다.' 이것은 수학의 상식으로서 '왜?'라는 질문이 제기되지 않는다. 그러나 본인이 조사한 범위 내에서는 '삼각기둥 안에 물을 가득 채워 이것을 동일한 바닥의 넓이와 동일한 높이의 삼각뿔에 넣었을 때 3번으로 완전히 찼으므로 삼각뿔의 부피는 삼각기둥 부피의 $\frac{1}{3}$에 해당한다'는 설명이 성립되지만, 이 증명만으로 정말 $\frac{1}{3}$이 틀림없는지 의구심이 생긴다.

이것을 직접적으로 설명한다는 것은 어려운 일이지만 앞서 말한 카발리에리의 원리를 응용하면 아주 간단히 해결된다.

다음 페이지의 그림과 같이 삼각기둥을 3개의 부분으로 나눈다. a와 b, a와 c는 각기 밑넓이와 높이가 똑같기 때문에 부피는 각기 a=b, a=c가 된다. 즉, a=b=c인 것이다. 따라서 부피는 원래의 삼각기둥의 $\frac{1}{3}$이 된다. 그러므로 당연히 원뿔은 원기둥의, 사각뿔은 사각기둥의 $\frac{1}{3}$이라는 것에는 변함이 없다(사각뿔이라고 해서 $\frac{1}{4}$을 되지 않는다).

■ '정확히 3개가 되었다.' 그렇다면…

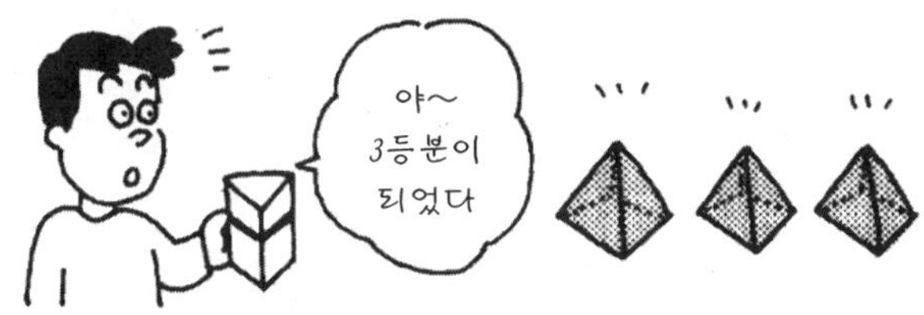

🔍 **원 : 구=1 : 4**

반지름 r인 원의 넓이는 πr^2인데 똑같은 반지름 r을 지닌 구의 겉넓이는 $4\pi r^2$이 된다. 즉, 똑같은 반지름을 가진 원을 표면에 4개를 하나로 붙인 것과 같다.

■ 카발리에리의 정리를 사용하여 '삼각기둥 $\times \dfrac{1}{3}$ = 삼각뿔' 을 증명

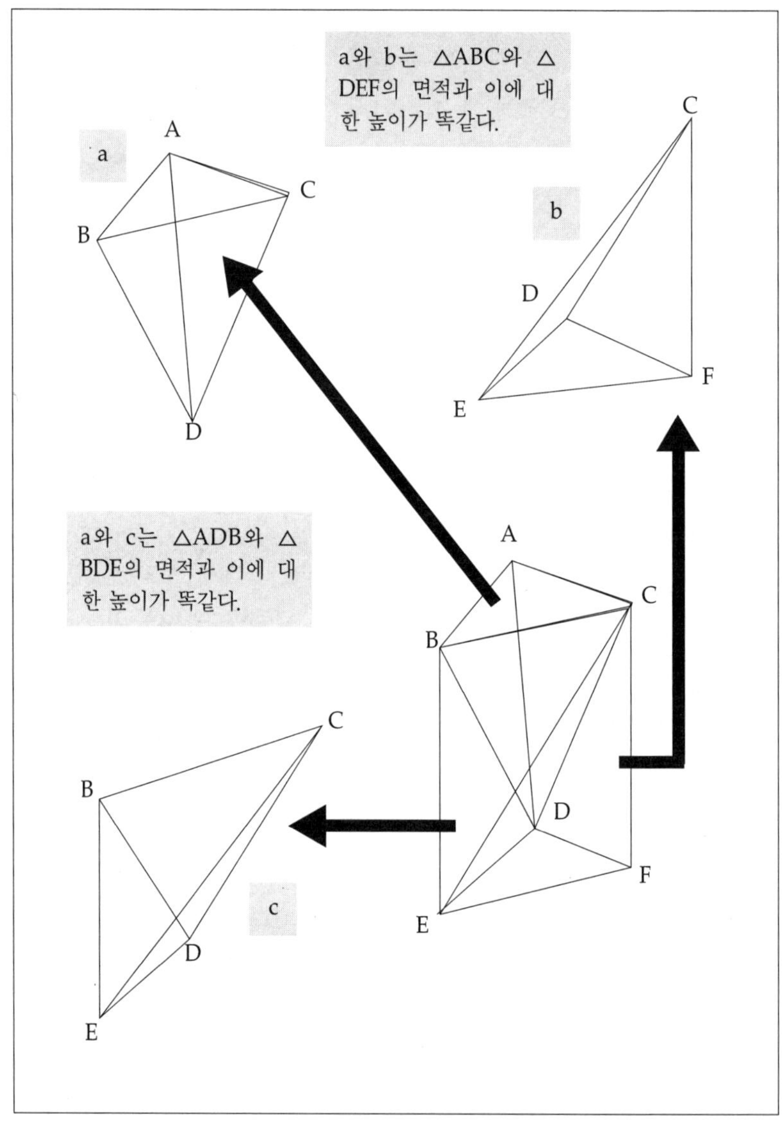

카시니의 간극

토성의 테의 틈새 부분을 '카시니의 간극' 이라고 말하는데, 천문학자인 카시니(1625~1712)는 카발리에리의 제자 중 한 사람이다.

《프린시피아》의 초판은 겨우 750부

알고 있기는 하지만 대다수의 사람들이 읽지 못한 책 가운데 하나가 뉴턴의 《프린시피아》이다.

이 책은 뉴턴의 친구 핼리가 집필을 종용한데다 자금까지 뒷받침해 주고, 유능한 편집인 코츠가 심혈을 기울인 끝에 비로소 햇빛을 보게 되었다. 뉴턴은 곤궁했기 때문에 약간의 돈을 빌려 책을 출판하여 인세를 받아 변제하려는 생각을 갖고 있었다. 그러나 유감스럽게도 750부를 발행하는 것으로 끝나고 말았다. 오스트리아의 작곡가 모차르트는 수많은 곡을 작곡했지만, 그의 생활은 늘 궁핍했다. 천재란 돈과 인연이 먼 모양이다.

최후의 수메르인 뉴턴

뉴턴은 수학계의 '3대 거인 중 한 사람'으로 일컬어지는데, 곰곰이 생각해 보면 참으로 신기한 인물이다. 그는 연금술(鍊金術)의 달인이기두 하였다

경제학자 케인즈는 뉴턴의 유고 가운데 미발표 원고를 정리하면서 이런 말을 했다.

"뉴턴은 최초의 이성인이라고 말하기 이전에 최후의 마술사, 최후의 바벨론 사람, 최후의 수메르인이다."

뉴턴은 생전에 노이로제에 시달렸던 것으로 추측된다. 그는 조폐국장을 역임하고 있을 때 단 두 번 미소를 지었을 뿐이라고 한다.

독신 생활로 늘 우울하게 지내던 뉴턴은 만년에 라이프니츠와의 미적분 논쟁 때문에 정신적으로 많은 고민을 했다고 한다.

유언장의 X 표시

뉴턴은 갈릴레오가 사망한 해의 크리스마스에 태어났다. 그의 친척들 중에는 교육을 받은 사람이 아무도 없어 유언장에 사인도 하지 못하고, 단지 X 표시만 되어 있었다고 한다.

9

최첨단 과학도 간단한 수학으로 이해할 수 있다

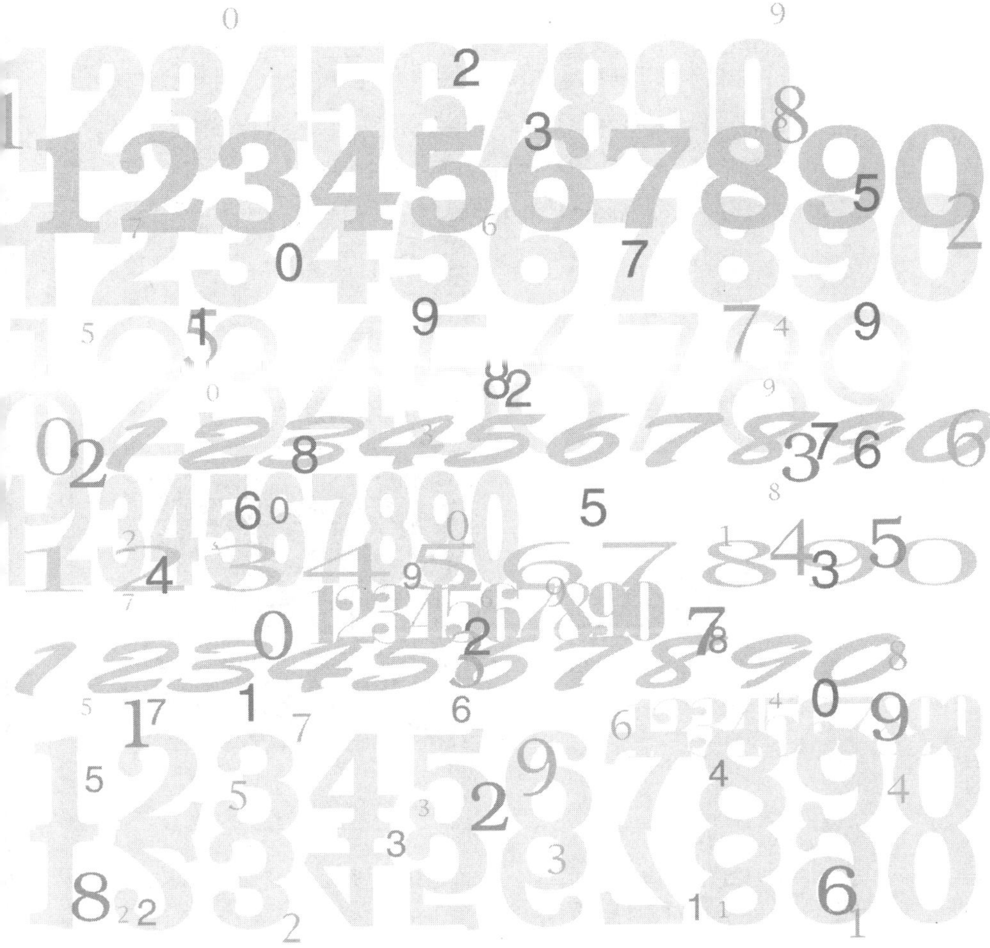

CT는 연립방정식과 적분 계산으로

의학분야에서는 CT에 의해 환자들의 상태를 진단하곤 한다. X선 CT의 원리는 외부로부터 X선 빔(beam)을 체내에 통과시킨 후 감소한 X선 양을 측정함으로써 '어느 부위에서 얼마만큼의 X선 양이 흡수되었는가'를 분석하는 것이다. 얼른 생각하기에는 대단히 어려운 원리처럼 생각되겠지만, 사실은 수학의 기본인 연립방정식과 같다.

지금 알아내려고 하는 부분을 다음 페이지의 그림처럼 A, B, C, D 4가지라고 하자. 여기에 X선을 투과시킴으로써 A+B=6, C+D=4, A+C=7, B+D=3이라고 했을 때, 이 4가지의 연립방정식을 풀면, A=4, B=2, C=3, D=1이 된다. 이것을 역(逆)행렬법이라고 부르는데, 원리를 이해하는 데에 매우 도움이 된다.

또 초기의 CT에 사용된 방법으로 축차유사법(逐次類似法)이라는 것이 있다. 이것은 먼저 A, B, C, D의 값을 정해둔다. 그리고 각각을 2.5라고 하면 A+B=5, C+D=5가 되겠지만, 실제 측정

■ X선 CT의 촬영방법

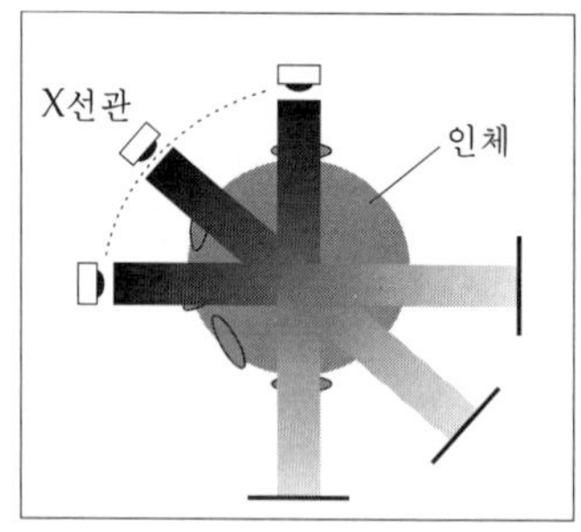

■ 원통형 물질의 자른 사진을 겹쳐나가면…

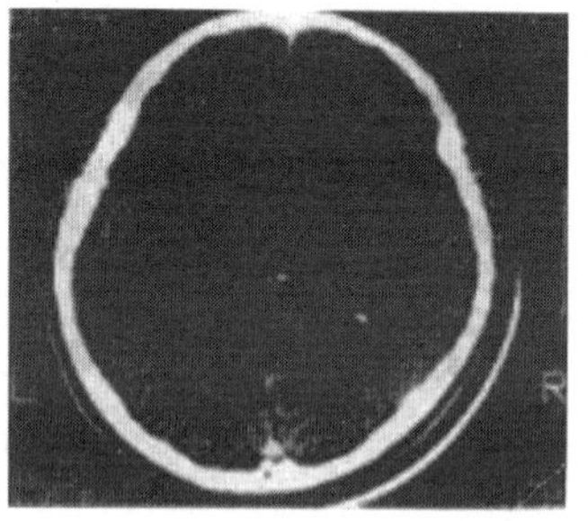

부정방정식

연립방정식을 푸는 데 있어서 미지수가 3개라면 3개의 방정식이 필요하다. 그러나 방정식이 모자라도 미지수 간의 비(比)를 알고 있거나 모두가 정수라는 등의 조건이 있을 때에는 예외이다.

결과는 6과 4이다. 따라서 그 차이는 1, −1이 오차이기 때문에 2등분한 0.5씩을 A, B에 더하여 A=2.5+0.5=3, B=2.5+0.5=3이 된다. 그리고 C, D로부터 0.5씩을 빼면 C=2.5−0.5=2, D=2.5−0.5=2가 된다.

여기에서 세로 방향은 A+C=3+2=5, B+D=3+2=5이지만 측정 결과는 각기 7과 3이 된다. 마찬가지로 그 차이 −2를 2분하여 A=3+1=4, C=2+1=3 또는 B=3−1=2, D=2−1=1이 되므로 쉽게 정답을 얻을 수 있다.

화면의 구성을 가로, 세로 100도트씩으로 하여도 100×100=1만 크기의 행렬이 생기나 이 행렬을 컴퓨터가 순식간에 풀어내 화면에 표시한다는 식이다.

더욱이 이들 각 절단면을 합성(적분)한다면 내장 등의 입체상을 뚜렷하게 영상화시킬 수도 있다.

■ 역행렬법에 의한 풀이

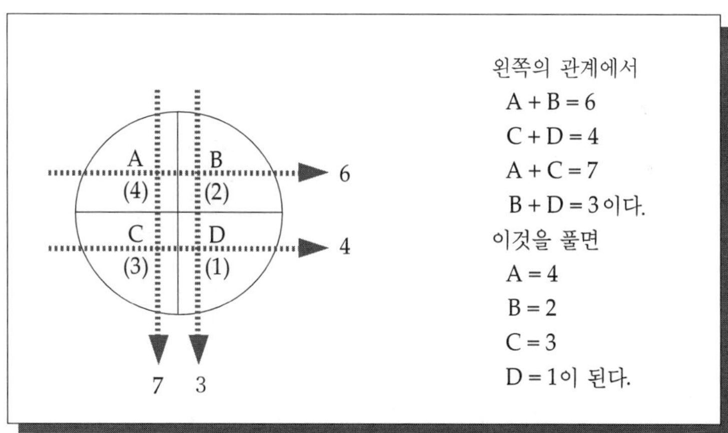

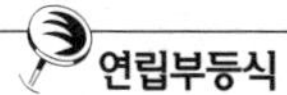
연립부등식

여러 개의 방정식이 연이어 있는 것이 연립방정식이라면, 마찬가지로 여러 개의 부등식($X < 2$ 또는 $X > -3$)으로 성립되는 것은 연립부등식이다. 연립부등식은 일치하는 '범위'를 구하는 일이다.

■ 축차유사법으로 CT 스캐너에 도전한다!

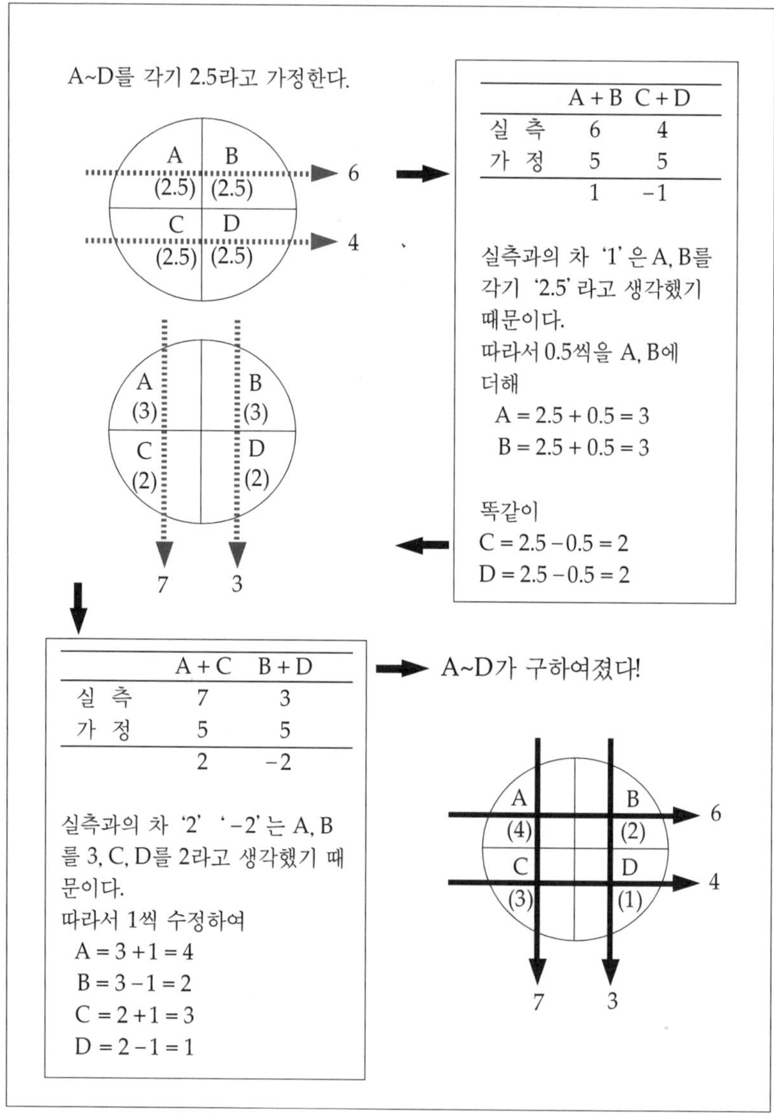

X선 CT의 응용

수령이 천년인 거목의 내부도 X선 CT로 절단하지 않고 볼 수 있다. 특히 역행렬법, 축차유사법은 컴퓨터 단층법을 참고로 한 것이다.

화석의 연대를 측정하려면 어떻게 해야 하는가

'1억 년 전에 살고 있었던 공룡의 뼈를 발견하였다.', '천'년 전의 유적이 발견되었다.' 이런 경우 방사성 원소의 반감기(半減期)를 사용한 연대측정법이 이용된다.

이에 대한 이론적 근거를 생각해 보자.

예를 들어 흔히 사용되고 있는 방사성 원소의 하나가 탄소-14(^{14}C)이다. 한마디로 탄소라고 말하지만, 중성자의 수에 따라 여러 개의 동위원소를 갖고 있는데, 탄소-12(^{12}C)는 매우 안정된 것이다.

그러나 탄소-14는 극히 불안정하여 일정 시간마다 일정 비율로 제멋대로 파괴되어 다른 원소로 바뀌는 성질이 있다. 생물이 살아 있는 동안은 외부세계와 원소를 주고받기 때문에 일정량의 탄소-14를 가지고 있지만, 일단 죽는 순간부터 외부세계와의 작용은 정지된다.

따라서 일정 비율로 탄소-14는 소멸하고 마는 것이다. 그래서

■ 반감기란 일정 비율로 줄어들 경우 처음 양의 반으로 되는 시간을 말한다

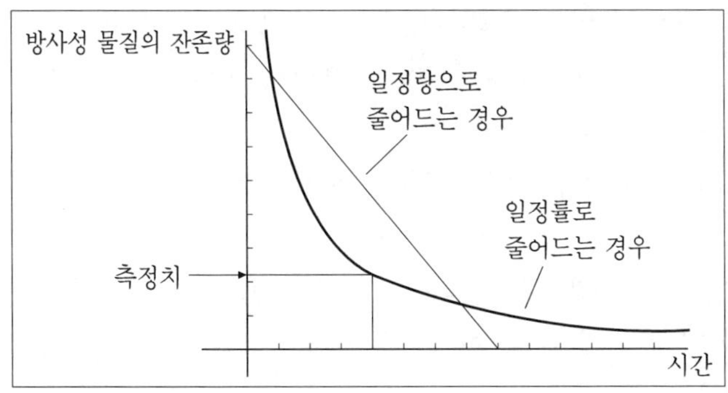

가속기 질량분석법

탄소-14법에서는 반감기(5730년)가 짧기 때문에 3만 년이 측정한도였다. 그러나 가속기 질량분석법(가속기로 탄소-14를 직접 측정)에 의해 6만 년까지 측정할 수 있게 되었다.

■ 주요 방사성 동위원소와 측정연대

방사성 동위원소	반감기(년)	적 용	대 상
Be-10	1.51×10^6	10^7 년 이하	암석표면 조사, 해양의 퇴적
C-14	5.73×10^3	6만 년 이하	생물, 암석표면 조사
K-40	1.28×10^9	10만 년 이상	암석형성년대
Pb-210	2.23×10^1	100년 이하	호수나 늪의 퇴적
Th-232	1.40×10^{10}		
U-235	7.04×10^8	1억 년 이상 연대	암석형성, 토기년대
U-238	4.47×10^{10}		

'원래의 방사성 동위원소의 양에 대해 현재 얼마만큼 남아 있는 가'를 알게 되면 그 생물이 죽은 시기(거꾸로 말한다면 어느 시 기의 생물인가)를 예측할 수 있게 된다. 생물의 경우에는 탄소-14를 예로 들었지만, 암석의 경우는 암석 속에 함유된 아르곤과 칼륨의 양에 의해 측정한다(칼륨-아르곤법).

이처럼 방사성 원소가 줄어드는 비율을 '붕괴율'이라고 말하며, 방사성 동위원소가 원래의 절반이 되는 시간, 즉 반감기를 알게 되면 화석 형성 연대 측정에 도움을 준다.

여기에서 잘못 생각하기 쉬운 것은 '절반으로 줄어든다'는 점이다. 1,000원을 갖고 있다가 절반인 500원을 하루 동안 사용해 버린다면 이틀 만에 잔액은 0이 된다. 그러나 반감기란 일정 시간 단위로 절반씩, 즉 하루에 500원, 250원, 125원…… 하는 식으로 줄어가는 상태인 것이다.

여기에서 붕괴율이라는 이름이 상징하듯이 이는 그래프에 그은 접선의 기울기를 나타내고 있다(그림 참조). 그러므로 원래의 함 수를 구하기 위해서는 붕괴속도를 적분해야 한다. 대수(對數)의 적분이기 때문에 다소 어렵기는 하지만, 하는 방법을 알아둘 필 요가 있다.

연대측정과 확률

이화학적(理化學的) 측정방법에서는 '2500년±150'일 경우는 '2350년 전∼2650년 전'의 확률이 약 68%라는 것을 나타낸다.

■ 미분과 적분을 이용하여 화석연대를 규명한다

'거리'를 미분하면 '속도'를 알 수 있듯이, '잔존량'을 미분함으로써 '붕괴율 α'를 알 수 있다.

   y=방사성 물질의 잔존량

   x=시간

이라고 할 때, 잔존량을 나타내는 y=f(x)의 접선의 기울기는 붕괴속도 k 가 된다. 따라서 다음과 같이 y=f(x)를 미분하여

$$f'(x)=\frac{d}{dx}\,y=\frac{dy}{dx} \quad\cdots\cdots ①$$

이것이 기울기 '$-ky$'와 똑같기 때문에

$$\frac{dy}{dx}=-ky \quad\therefore\ \frac{1}{y}\,dy=-kdx \quad\cdots\cdots ②$$

②를 적분하면 $\int \frac{1}{y}\,dy=-k\int dx$가 된다.

여기에서 $\int \frac{1}{y}\,dy=\log_e y$ 에 의해 $\log_e y=-kx+c$

즉 $y=ce^{-kx}$ 이다.

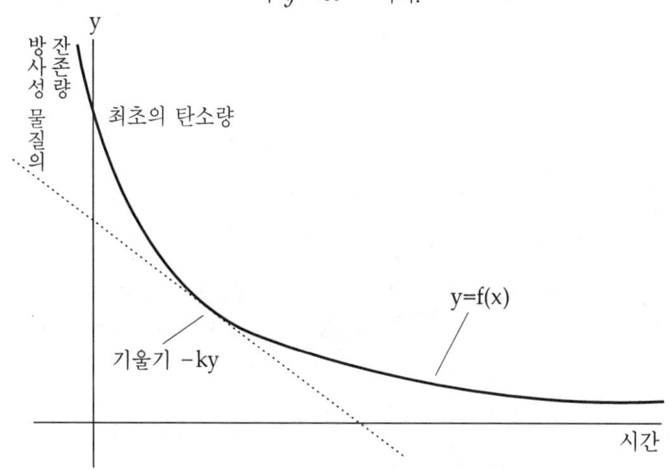

e란

오른쪽 식에서 e란 2.71828… 이렇게 계속되는 수를 뜻 한다. 이것을 밑으로 하는 자연대수(自然對數).

$$\frac{1}{x} \quad\underset{\text{적분하면}}{\overset{\text{미분하면}}{\longleftrightarrow}}\quad \log_e x$$

목수가 사용하는 '곡자'의 지혜

목수가 사용하는 곡자(曲尺)를 본 일이 있는가? 아래의 그림 중 L자 모양을 띤 것이 바로 곡자다. 목수들은 이것 하나로 한 그루의 통나무에서 얼마만큼의 각재(角材)를 취할 수 있는가를 즉석에서 알아낸다. 즉, 이 곡자를 사용하면 각재의 가로와 세로를 굳이 재어보지 않고 대각선상에 자를 갖다 놓는 것만으로도 그 목재의 양(부피)을 대충 짐작할 수 있다.

그렇다면 대각선을 재보는 것만으로 그 재목에서 얻을 수 있는 각재의 양을 어떻게 측정할 수가 있을까? 그것은 곡자의 앞면에 새겨진 눈금은 실제의 치수가 표시되어 있는 데 반해서 뒷면의 눈금은 그것의 $\sqrt{2}=1.414\cdots$ 배에 해당하는 치수가 표시되어 있기 때문이다. 그러므로 뒷면의 눈금을 목재의 대각선에 갖다 대기만 해도 각재의 양이 얼마인지를 알 수 있는 것이다. 곡자가 L자형을 하고 있어서 이것으로 직각을 만들어 낼 수 있어 피타고라스 정리를 사용할 수 있다.

■ 곡자에는 치수가 다른 '앞면 눈금'과 '뒷면 눈금'이 있다

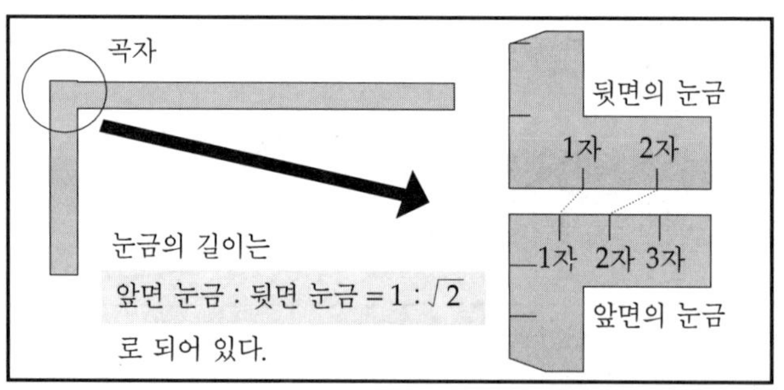

■ 통나무에서 얼마만큼의 각재를 취할 수 있는가는 뒷면 눈금으로 측정

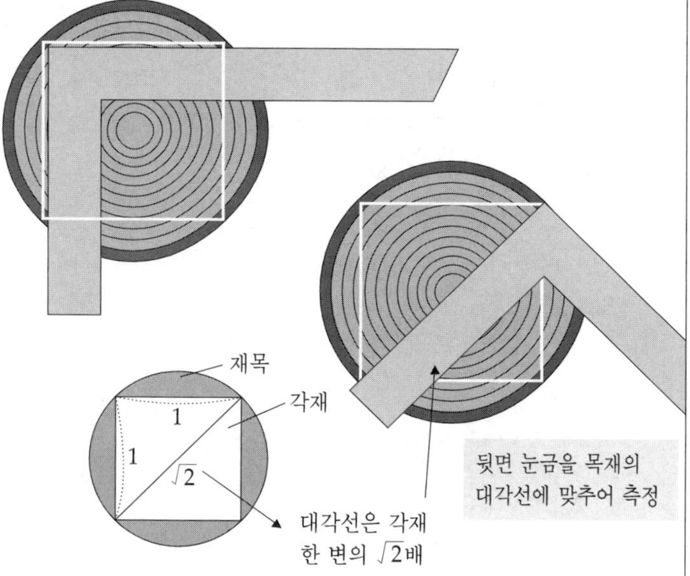

■ 뒷면 눈금의 원기둥자로 '지름과 원둘레'를 동시에 계측

원의 지름을 오른쪽 그림
처럼 뒷면 눈금자로 측정
하되 그것을 안쪽의 '원
기둥자'로 재어보면 원의
지름과 원둘레를 동시에
알 수 있다.

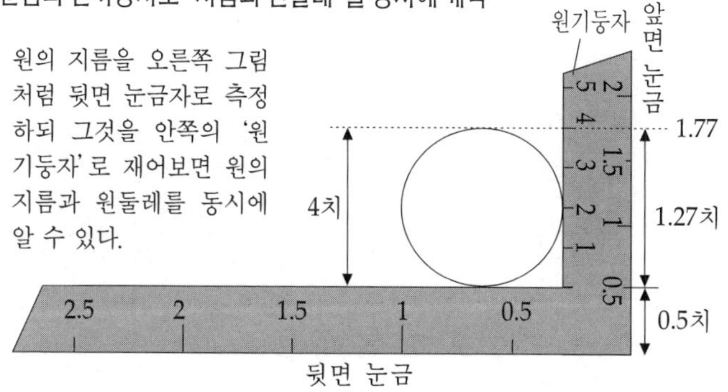

그리고 곡자의 뒤쪽 안으로 치우쳐 원둘레를 재는 눈금이 새겨져 있는데, 이것으로 원의 지름과 원둘레의 길이를 동시에 잴 수가 있다. 예를 들어 앞 페이지의 그림과 같이 원에다 자를 대면 자 뒤쪽의 바깥 눈금은 1.77치, 안쪽 눈금은 4치로 나타난다.

이런 경우 바깥쪽의 치수는 원의 지름을 나타내며, 원기둥자는 원둘레를 나타낸다($1.27 \times 3.14 = 3.9878 = 4$).

또 곡자로 '5·7의 기울기'라는 방법을 이용하면 아래 그림처럼 30도의 각도를 만들 수 있다. 이것을 바탕으로 직각의 3등분, 정삼각형, 정사각형 등 많은 도형을 그려낼 수가 있다.

■ '5·7의 기울기'에 의한 30도 만들기 방법

선 XB상의 점 C에서 적당한 길이(예를 든다면 a)를 취하여 수직선 CD를 긋는다. D에서 CD의 2배 길이(2a)를 취하여 XB와의 교차점을 A라고 했을 때, 삼각형 ACD는 '밑변 : 빗변=1 : 2'가 되므로 변의 비는

$$CD : AC : AD = 1 : \sqrt{3} : 2$$

가 된다. CD를 평행으로 이동시켜 AB=10이 되도록 하는 유사한 삼각형 ABE를 만들면, AB=10, AB : BE=$\sqrt{3}$: 1

따라서

$$BE = \frac{AB \times 1}{\sqrt{3}} = \frac{10}{1.732} = 5.773 \cdots$$

즉, 곡자를 사용하여 AB = 10, BE = 5.77이 되도록 함으로써 30도를 만드는 것이 가능하다.

건축 현장에서 흔히 볼 수 있는 비스듬히 가로지른 보조목

비교적 목조건물에서 많이 보는 현상인데, 벽을 쌓고 문틀을 짜서 여기저기에 세우고 아래 그림에서 보는 것처럼 대부분 문틀 안쪽에 버팀목을 비스듬히 가로세워 문틀의 안정성을 유지한다.

문틀은 대개 직사각형으로 되어 있다. 따라서 이와 같은 형태의 목재 구조물에 힘을 가하면 어느 한 쪽으로 맥없이 찌그러져 버리고 만다. 찌그러진 모습은 평행사변형을 이루게 된다. 정사각형이 찌그러지면 마름모꼴이 된다. 그러나 삼각형에 힘을 가하면 결코 찌그러지지 않는다. 왜냐하면 삼각형의 경우 세 변의 길이가 정해지면 자동적으로 각도가 고정되기 때문에 대단히 견고한 형태를 유지하게 되는 것이다.

바람과 같은 외부 압력에 충분히 대항하기 위해서는 삼각형으로 구조물을 만들어 놓을 필요가 있다. 유럽의 건축물은 처음부터 삼각형 형태로 구조물을 여러 개 만들어 놓고 그것을 조립하거나 편성해 가는 방식을 흔히 사용한다. 이것이 바로 '트러스(truss) 방식'인데, 비교적 안정감이 있고 견고한 공법이라고 할 수 있다.

■ 버팀목으로 삼각형을 만든다

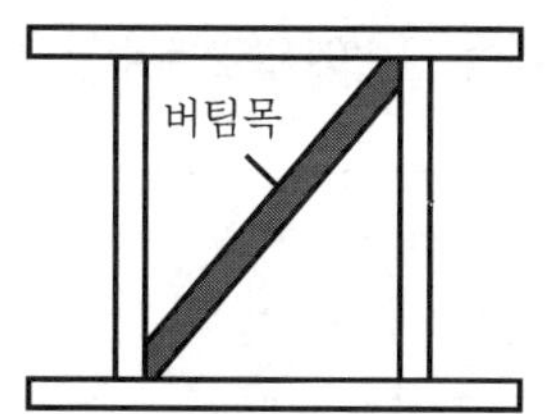

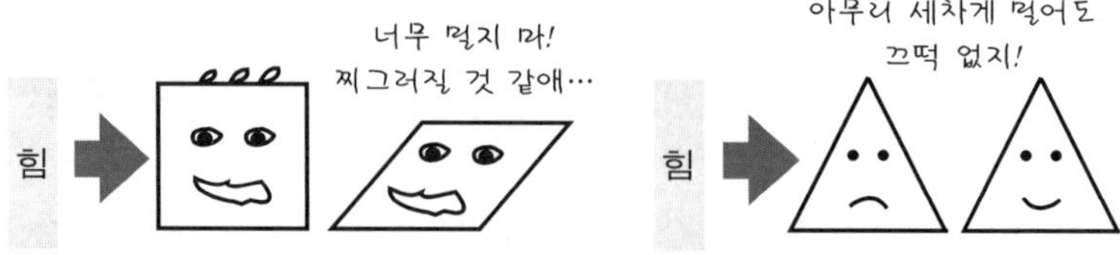

네모 속에 들어가야 할 수는

가끔 퀴즈에 몰두하는 것도 정신위생상 좋다. 그럼 여기에서 잠시 퀴즈를 즐겨보기로 하자. 우선 아래의 네모 속에 들어가야 할 수를 생각해 보자.

첫 번째는 '2, 4, □, 8'이기 때문에 네모 속에 들어가야 할 수는 자연스럽게 '6'이라는 결론에 도달하게 된다. 이처럼 둘씩 증가해 가는 것을 수학에서는 '등차수열(等差數列)'이라고 한다.

두 번째는 2배씩 증가하여 '2, 4, 8, 16, 32, 64, 128, …'로 똑같은 배율로 증가하였다. 이를 '등비수열(等比數列)'이라고 부른다.

가장 어려운 것은 세 번째이다. 터무니없는 수의 배열인데, 이와 같은 수의 배열에도 법칙이 숨어 있다. 유심히 주시해 보았더니 '앞의 두 개 항을 더한 것이 다음 항'이 되어 있다. 이와 같은 배열방법을 '피보나치 수열'이라고 한다.

■ 다음 □ 속에 알맞은 수를 넣어라

① 2 → 4 → □ → 8 → □ → 12 → □ → 16

② 2 → 4 → 8 → □ → 32 → 64 → □ → 256

③ 1 → 1 → 2 → □ → 5 → 8 → 13 → 21

해답 ① ……2, 4, (6), 8, (10), 12, (14), 16
② ……2, 4, 8, (16), 32, 64, (128), 256
③ ……1, 1, 2, (3), 5, 8, 13, 21

■ 앞의 둘을 더한 수가 다음 수가 된다

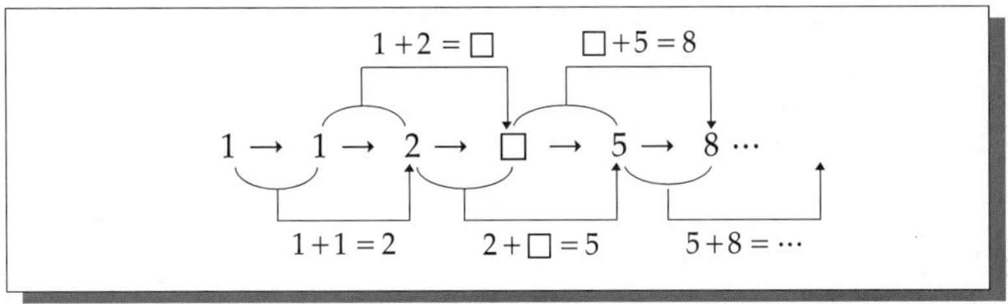

자연계에 얼굴을 내민 피보나치 수열

앞 페이지에서 소개된 피보나치 수열은 매우 색다른 수열이다. 이와 같은 형태가 어떤 경우에 생기는지 생각해 보기로 하자.

아래 그림과 같은 나무 한 그루가 있다. 지금 한창 가지를 뻗고 있는 중이다. 우선 하나의 줄기에서 2개의 가지 A, B로 나누어진

■ 피보나치 수열에 의해 가지가 갈라진다

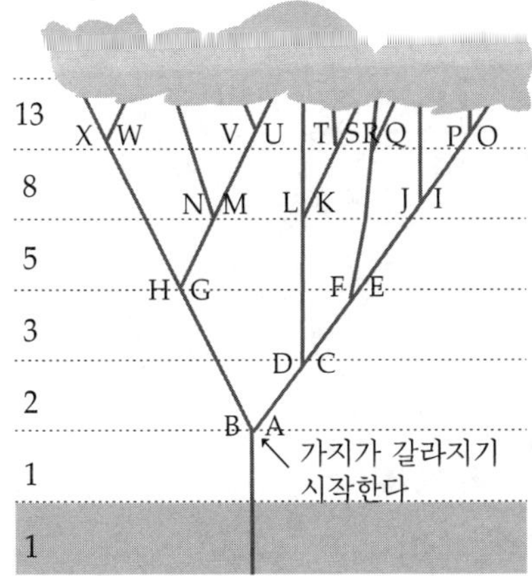

피보나치

피보나치는 12~13세기경 이탈리아의 수학자로 0을 비롯하여 1~9까지의 아라비아 숫자를 유럽에 소개하였다.

다. 다음은 갈라진 A가지에서 2개의 가지 C, D로 갈라지고, B가지 역시 가지치기를 잠시 멈추다가 H, G로 갈라진다. 그리고 앞서 가지를 뻗은 C, D 중 C가 가지를 뻗어 E, F로 발전하고 있지만, D는 한동안 휴식 상태에 들어가고 있다. 이런 식으로 나뭇가지 수를 각 세대별로 세다 보면 '1, 1, 2, 3, 5, 8, 13, 21, 34, 55, 89, …'가 되어 피보나치 수열이 된다.

이와 비슷한 예로서 해바라기씨를 들 수 있다. 꽃이 지고 난 다음 그 자리에는 마치 소용돌이 형태의 씨앗이 다닥다닥 붙어 있는 것을 발견하게 된다. 그 씨앗의 배열은 피보나치 수열과 흡사하다. 해바라기씨는 오른쪽, 왼쪽의 소용돌이가 교차적으로 생성되고 있는데, 씨앗의 수를 세어나가면 34, 55, 89, …가 된다. 피

■ 해바라기씨의 소용돌이 모습에서도 피보나치의 수열이 나타난다

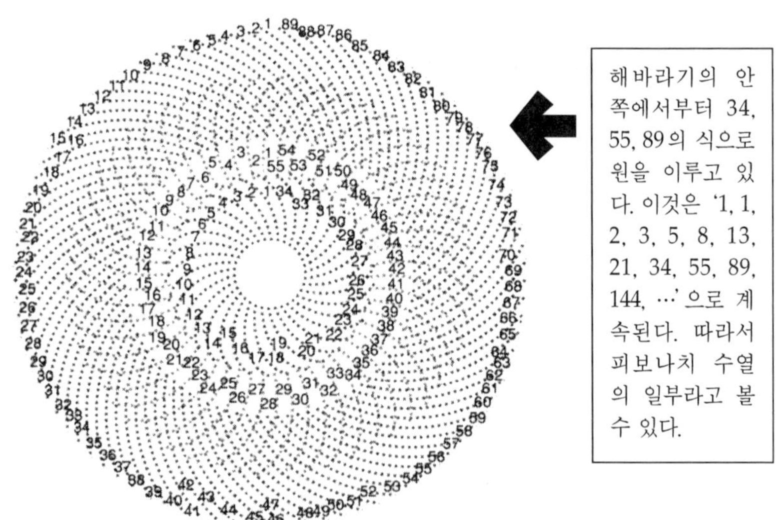

해바라기의 안쪽에서부터 34, 55, 89의 식으로 원을 이루고 있다. 이것은 '1, 1, 2, 3, 5, 8, 13, 21, 34, 55, 89, 144, …'으로 계속된다. 따라서 피보나치 수열의 일부라고 볼 수 있다.

식물의 피보나치 수열

나뭇가지나 잎은 무질서하게 뻗거나 붙어 있는 것이 아니라 $\frac{1}{2}$, $\frac{2}{3}$, $\frac{3}{5}$, $\frac{5}{8}$ 와 같은 법칙($\frac{1}{2}$ 이란 줄기가 1회전하는 동안 잎이 2장 달린다는 뜻)에 의하여 이루어지고 있는데, 이것이 피보나치 수열이다.

■ 암모나이트의 나선형에도 법칙이 있다

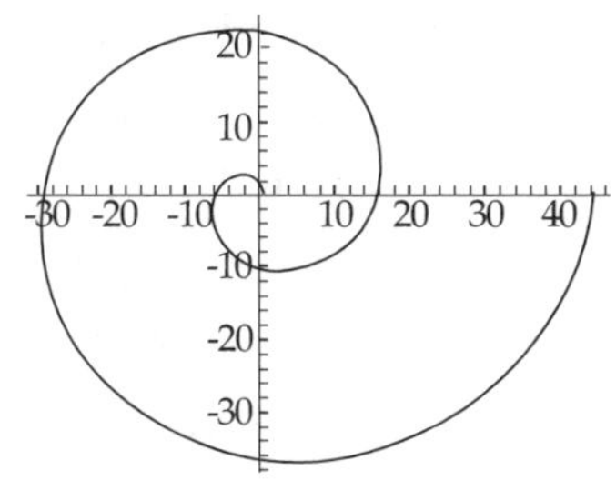
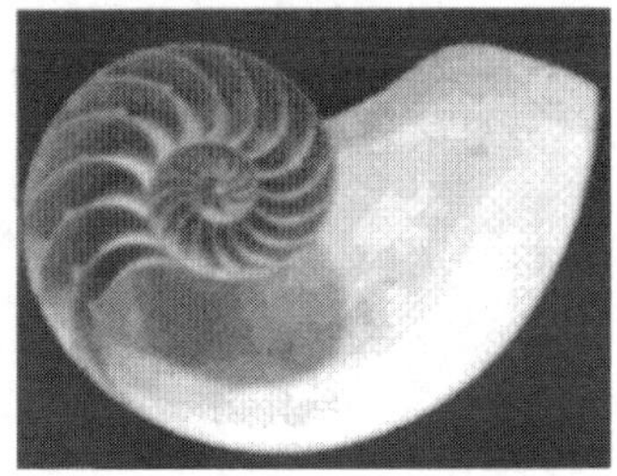

보나치 수열이 여기에도 등장하고 있는 것이다.

소용돌이를 연상하면 암모나이트의 나선형 껍질이 머리에 떠오른다. 이것도 우리 주변에서 볼 수 있는 아름다운 수학이다.

피보나치 수열에 감추어진 아름다움

피보나치 수열이 자연계에 많이 존재해 있다는 사실은 이미 언급한 바 있다. 이처럼 아무런 관계도 없는 듯한 곳에 이와 같은 법칙이 얼굴을 내밀고 있다는 것은 아마 자연계의 미적(美的) 감각인지도 모른다.

그런데 피보나치 수열의 경우 '앞의 두 개 항을 더한 것이 다음 항이 된다'는 원리를 가지고 있기 때문에 여기에서 항들을 비교해 보면 무엇인가 재미있는 결과를 발견하지 않을까 하는 생각이 든다. 그래서 시험삼아 피보나치 수열의 뒤의 항을 앞의 항으로 나누어 보니 점점 '어느 일정 수치(1.618…)'에 접근해 가는 모

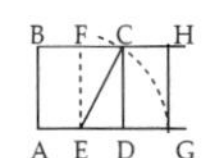 황금분할을 만드는 법

정사각형 ABCD의 AD를 2등분하는 수직선을 긋는다. 그리고 EC를 반지름으로 하는 호(弧) CG를 AD의 연장선상에 긋는다. ABHG의 세로·가로가 황금분할이 된다.

■ 피보나치 수열 속에 황금분할이 잠재해 있다

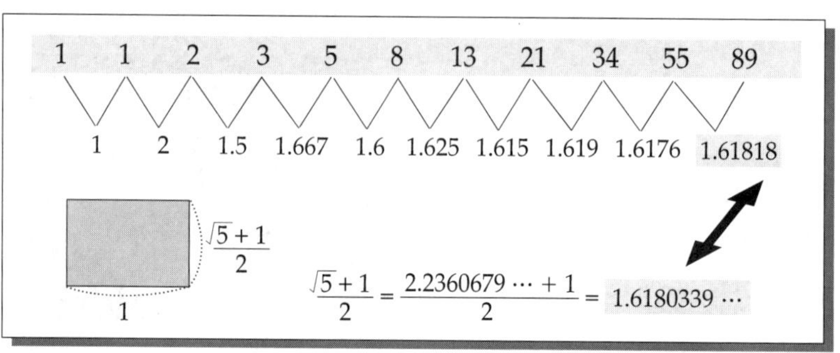

습을 알게 되었다. 위의 그림에서 보는 바와 같다. 이 수치야말로 '황금비(黃金比)'인 것이다. 황금비는 정오각형 등 여러 곳에서 나타난다. 이 분할은 그 옛날 그리스인들로부터 사랑을 받았던 비율이다. 황금비에 대해서 알고 있는 사람도 많겠지만, 어쨌든 자연계에 존재하는 현상이 불가사의한 피보나치 수열과 관계가 있다는 것은 매우 신기한 인연이라고 하겠다.

카마커 특허가 수학계에 파문을 던지고 있다

우리 나라는 응용기술만 발달하고 기초기술은 미국이나 유럽의 것을 그대로 받아들인다는 비난을 받고 있다. 그런데 기초학문의 으뜸이 되는 '수학의 해법' 자체가 특허의 대상이 되는 시대가 도래하고 있다. 그것이 바로 '카마커 특허'라는 것이다.

이것은 AT&T사가 제출한 특허인데, 수학적으로는 선형계획법

(線型計劃法)의 일종이다. 본래 수학의 해법은 특허로 간주되어 있지 않으며, 거기에다 카마커법 자체가 구소련의 수학자 디킨이 제안한 것과 똑같다는 지적도 있다.

만일 카마커법이 특허로서 성립된다면 이를 사용하여 생산계획이나 자금의 운용문제 등을 다루는 기업들은 모두가 특허료를 지불하지 않으면 안 될 터이다. 또한 그 영향력은 매우 클 뿐만 아니라 이것을 계기로 수학분야에서도 빠르게 특허화가 진행될 것이다.

만일 피타고라스의 정리가 특허였다면 그것을 응용한 목수의 곡자까지도 특허망을 벗어날 수 없으리라. 이렇게 된다면 온 세상이 불편한 세계가 되어 버릴 것이다. 그래서 인간들은 지금까지 수학이나 자연과학을 특허라는 범주에서 제외시켜 온 것이 아닐까.

카마커 특허의 배경에는 미국의 무역적자, 일본에 대한 기초기술 공짜 편승론에 제동을 걸기 위함이 아닌가 하고 추측되지만, 이 문제가 어떻게 진전되느냐에 따라 앞으로의 수학계, 나아가서는 경제분야에도 큰 파문이 일 것으로 예상된다.

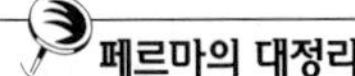

페르마의 대정리

"$x^n + y^n = z^n (n \geq 3)$을 충족시켜 주는 자연수 해(解) x, y, z는 존재하지 않는다"는 페르마의 대정리가 미국의 와일즈 교수에 의해 1995년에 증명되었다.

수학통이 되는 책

지은이 쥬구지 가오루(中宮寺 薫)
옮긴이 이창우(李昌雨)

초판 인쇄/1998年 6月   30日
초판 발행/1998年 7月   7日
재판 9쇄 발행/2003년 4월 25일

펴낸곳/ 한국산업훈련연구소
등록번호/ 제 1-256호
등록일자/ 1978년 6월 24일
주소/ (130-824) 서울시 동대문구 용두동 755-21
전화/ (02) 2234-4174~5
팩스/ (02) 2234-6070

값 7,500원
ISBN 89-7019-146-1   03410